实用软装
设计研究

彭　嵘◎著

吉林大学出版社
·长春·

图书在版编目（CIP）数据

实用软装设计研究 / 彭嵘著. -- 长春 : 吉林大学
出版社, 2021.10

ISBN 978-7-5692-9166-7

Ⅰ.①实… Ⅱ.①彭… Ⅲ.①室内装饰设计 Ⅳ.
①TU238.2

中国版本图书馆CIP数据核字(2021)第211871号

书　　名	实用软装设计研究	
	SHIYONG RUANZHUANG SHEJI YANJIU	
作　　者	彭　嵘　著	
策划编辑	米司琪	
责任编辑	米司琪	
责任校对	王　蕾	
装帧设计	周　凡	
出版发行	吉林大学出版社	
社　　址	长春市人民大街4059号	
邮政编码	130021	
发行电话	0431-89580028/29/21	
网　　址	http://www.jlup.com.cn	
电子邮箱	jdcbs@jlu.edu.cn	
印　　刷	天津和萱印刷有限公司	
开　　本	787mm × 1092mm　1/16	
印　　张	8.75	
字　　数	160千字	
版　　次	2023年6月　第1版	
印　　次	2023年6月　第1次	
书　　号	ISBN 978-7-5692-9166-7	
定　　价	50.00元	

前　言

随着人们生活水平的提高，现代人更加注重精神层面的需求，软装设计就是人们对追求美的反映。软装设计是容易改变和移动的装饰元素，兼具经济性、实用性和装饰性为一体，且能够完全实现家居的个性化、风格化特征。家具的摆设、饰品的选择、色彩的搭配都属于软装设计的范畴，而精致、美观的软装设计不仅能让住宅变得更具舒适性，还能让住宅更有价值。

本书围绕"实用软装设计研究"，在内容编排上共设置五章，第一章是软装设计与元素，内容包含软装设计与软装设计元素、软装设计元素的内容与功能；第二章探讨软装设计的美学原则与色彩，内容涵盖软装设计的美学原则、软装设计元素与色彩；第三章探索实用软装设计风格，内容涵盖软装设计新中式风格与软装设计欧式新古典风格；第四章是软装设计中的布艺设计，内容包括软装布艺的发展与价值、软装布艺的分类、软装布艺的基本属性；第五章是对软装设计师的自我修养与素质提升的论述，内容涵盖软装设计师的职业素养、生活体验、思维模式、艺术修养、心理研习与自我提升。

本书注重实用性和学术性，对实用软装设计进行了详尽的分类与设计分析,并且将软装家居饰品的适用风格，即软装的设计风格也进行了梳理。系统地介绍了软装家居饰品的开发设计方法和常用的材料、制作工艺等技术性知识，图文并茂,为从业者提供了一定的理论支持和实践指导。

本书为软装家居饰品行业从业者、创业者、学生提供了切实可行的支持，既可以作为学术著作，也可以作为专业教材使用。

本书在撰写过程中得到了许多专家和学者的指导和帮助，在此表示诚挚谢意。由于学术水平以及客观条件限制，书中所涉及的内容难免有疏漏之处，希望读者能够积极批评指正，以待进一步修改。

作　者

2020年10月

目 录

|第一章|
软装设计与元素

第一节　软装设计与软装设计元素

一、软装的兴起和发展

（一）软装的兴起

软装的发展经历了一个漫长的过程，要想深入了解软装的基本概况，就要对软装设计的发展过程进行探究。从本质上说，软装的兴起并不是刻意的，而是伴随着人类的实践活动自然而然产生的。软装作为人类发展史中较重要的艺术形式之一，其代表的是全人类智慧的结晶，这门艺术所依托的最重要的人类实践活动便是建筑。建筑这一活动的历史在奴隶制社会就能看出端倪，当时的社会统治者为了巩固统治，强化自身的管理地位，便推行了大规模的建筑活动。建筑物必然不能只有一个空壳，其内部的装饰自然也得到了筑造者的重视，因而，从这时开始，软装便开始发展起来了。

软装的兴起与社会的发展关系密切，因而就中国和西方而言，软装的发展历史也是有所差异的。在中国，虽然软装的兴起时间较晚，但关于建筑物的审美意识却萌发得很早，这一点可以追溯到距今十万年前的旧石器时代。当时的北京山顶洞人就已经开始用动物的皮毛等作为山洞的装饰品了，不得不说，即便当时的人连满足最基本的生活需求都有所困难，但他们对于美的追求也是存在的。中国真正的设计与建筑理念，在很大程度上是舶来品。尽管那时的西方设计与建筑理念大力传入，但并没有对我国传统的软装设计产生过多影响，一方面是因为大多数中国人的思想观念比较保守，另一方面也与当时的社会制度有着密不可分的关系。随着社会的发展，近代生产力的提高为软装设计提供了巨大的发展契机，人们在拥有了丰富的物质生活条件之后，便开始追求精神上的愉悦和享受，此时，软装设计的个性化已经成为大众的需求。直到现代，我国软装设计的发展已经取得了长足的进步，但客观来说，与某些国家相比还存在系统上的不足和专业上的差距。

就西方而言，软装的兴起可以追溯到公元4世纪以教堂内部装饰为代表的拜占庭艺术，以及12世纪巴洛克、洛可可风格等，这些都为近代西方软装的发展打下了坚实的基础。随着西方经济的不断发展，近代软装初始体系也逐渐形成了，此时的软装设计以法国为风向标，主要服务对象为资产阶级，这种设计体系其实已经与大众消费相脱节了。西方的软装设计师们很快便意识到了这一点，经过不断调整，他们的服务对象逐渐触及大众，软装设计也发展到了一个相对成熟的阶段。

（二）软装的未来发展

1.软装的文化立场和导向创新

随着全球一体化趋势的逐渐加深，任何行业的本土文化元素都越来越少，这一方面是由于各种其他文化的冲击力度过大，另一方面也体现出了行业追求国际化的发展特点。但是，就目前各行各业发展得较为成功的企业来看，它们在打造产品时都十分注重本土文化的融入，就中国的软装设计行业而言，坚持自主的文化立场和导向创新十分重要。

首先，当下的中国软装设计始终面临着如何在全球化设计形态中表达自己的文化符号、如何继承自己的设计文化历史这两个重要问题。设计问题实则也是文化问题，在具体的软装设计时，既要看到国际的潮流，紧跟时代步伐，也要在本土传承中不断创新文化立场与文化理念。在设计创新中追寻民族文化传统，一方面要做到洞察世界发展潮流与文化演变方式，遵循历史发展规律；另一方面要不断更新设计观念，改良设计思维，传承人文积淀。

其次，注重软装设计中的精神内涵和人文导向。虽然软装设计是一项十分追求外在形式的活动，但是要想真正让我国的软装设计走向世界，其精神内涵和人文导向是必不可少的。软装设计的精神内涵和人文导向是相辅相成的，只有在软装设计中融入我国倡导的精神内涵，才能在软装设计的进一步发展中发挥出人文导向的作用。具体来说，在实施软装设计战略方法时，必须要做到以下两点：第一，构建当代人文价值准则，并将这种人文价值准则融入到软装设计中去。软装设计的目的绝不仅仅是追求设计后的观感效果、实用功能等，而是要能以一种强大的人文价值引导并感染人们，让人们得到精神上的升华；第二，将本土层面的精神与现代软装的理念相结合。毋庸置疑，本土精神与现代理念的结合必然能碰撞出激烈的火花，这种火花便是软装设计的发展契机。在具体的软装设计中，设计师可以在体现现代设计理念的基础上充分借鉴本土文化，让充满本土文化的设计成为区别于其他普通设计产品的闪光之作。

2.软装的思维与方法创新

思维是行动的先导，只有建立在正确思维指导下的行动才能是正确有效的，于软装设计而言同样如此。软装经历了漫长的发展历史，在漫长的实践中，软装设计逐渐形成了属于自己的思维。软装思维的出现毫无疑问地为软装设计的进一步发展起到了巨大的推动作用，这一点主要体现在其为装饰设计带来的强大理论基础上。软装创新思维作为集理性认识和感性探索于一体的思维活动，其对软装设计师提出了更高的要求。

首先，软装设计师要同时具备较高的设计修养和扎实的专业技能。专业技能是开展任何活动的基础，这是活动成功实施的第一层保障，软装设计师必须要经过专业的技能学习才能具备独当一面的软装设计能力。而设计修养则是对设计师提出的更高层面的要求，这种修养往往体现着设计师的整体素质，设计修养较高的设计师才更有可能满足客户的高需求。

其次，软装设计师要掌握相关的社会科学、人文科学、自然科学等学科知识。软装设计并不是一个独立的行业，其在发展过程中不断汲取着相关学科的营养，从而激发设计师创造出水平更高的软装设计产品。

从发展历程上来看，软装设计还算是一门新兴的设计思维学科，这门学科所体现出来的各种思维模式都是经过探索初步形成的，因而，这门学科思维更讲求创新性。软装设计师一定要在不断的软装设计实践中，迸发出更多新鲜的设计思维，为软装设计行业做出更多贡献。

3.软装的可持续发展

可持续发展不仅是一种经济增长模式，更是适合于所有行业的发展模式。软装设计作为近几年大为火热的行业，更需要尽早建立起一种可持续的发展理念，这种理念必然能支撑软装行业走出一条创新之路。

从软装的兴起来看，其与建筑有着密不可分的关系，从这一点中不难看出，软装很容易造成环境的污染和资源的浪费。因而，软装可持续发展的一大重要导向就是实现智能装饰，使用低污染、低能耗的装饰材料，同时兼顾以人为本和文化传承的原则，让现代的软装行业真正走向绿色人文与个性智能。绿色人文是指，进行软装设计时，在充分满足业主需求的基础上增强装饰材料的绿色性；个性智能是指，适当运用高科技手段，将软装设计的作品实现便捷化，更加方便人们的生活。

软装可持续发展涉及的内容很多，其内涵十分丰富，绝非仅限于装饰元素的可持续发展，除此之外，软装设计还要实现知识性的创新、地域性的探索、现代化的发展等几方面。知识性创新强调软装设计师更新自身的知识储备，学习更多新潮的设计思维；地域性探索是指，在进行软装设计时，增强对地域文化的借鉴和使用，让充满地域特征的设计成为备受人们喜爱的形式；现代化发展强调软装设计的时代特点，力求让现代手段成为软装设计的推动因素。总而言之，软装的可持续发展创新是软装发展的必经之路，只有将可持续发展工作做好，才能使软装设计本身获得更大的发展空间。

4.软装市场的发展

很长时间以来，我国装修设计行业都呈现出重视硬装而忽略软装的现状，这种现状的出现与当时的社会发展水平有着密切的关系。近些年来，我国经济持续高速发展，人民生活水平也得到了进一步提升，越来越多的人开始重视软装的作用，并将软装当作装修的一部分，我国的软装行业也逐渐火热起来。但是，由于各方面因素的限制，我国的软装市场发展还存在着一些不容忽视的问题。

首先，缺乏专业的软装设计师。任何行业的发展都要有专业人才的支持，软装设计行业同样如此。但就目前我国软装设计师的现状来看，很大一部分都是"半路出家"，由硬装设计师转型而来，我们不能否认硬装设计师的经验和资历，但其业务重点与软装设计还是存在很大差异的，这就造成软装设计师设计水平有限，而消费者需求也随之不会太高。

基于这种情况，我国的软装市场发展相对缓慢。

其次，软装市场混乱，各种软装品牌缺乏质量和设计成效保证。由于我国的软装设计行业起步较晚，与国外很多大品牌的软装设计存在较大差距，这就导致了许多国内品牌仿制国外著名品牌，但是其在设计质量和成效上却远不及国外品牌，这样的市场现状，对于我国软装设计行业的进一步发展是很不利的[①]。

随着房地产交易的日益热化，软装设计消费的频率和消费量越来越大。而且随着时间的递增，软装设计的支出会不断提升。设计不只是美化，还包括合理性、经济性、审美性、独创性和适应性。"轻装修、重装饰"是一种更为理性的家装消费观念，用软装设计打造个性生活已成为一种健康的家装新时尚，这无疑给软装设计市场创造了许多商机。

中国公众家庭家居装修、装饰投资将逐步加大。现代人装修房屋越来越简单，更多的人准备将装修费省下来，用以购买能够让家充满个性和情趣的装饰品。一方面，目前中国软装设计用于在家装的比例并不高，一般用于酒店、KTV、高档会所、样板房的较多，有待开发的市场还比较大。另一方面，现在软装设计行业市场不成熟，市场还处于品种少、流通慢、价格高、无品牌、市场乱的发展阶段，特别是软装设计行业厂商的产品无法直接传达给消费者，我国大多数的软装设计行业目前还处于和产品销售"捆绑"在一起的阶段；国内的软装设计行业还处于摸索的状态，专门的软装设计公司也尚未形成规模化效应，原创设计匮乏，没有标准行业规范。据了解，有的城市已经初步出现按照建筑面积收费的专门的"软装设计"，而在欧美等地，软装设计已经发展了很长时间。

软装是一个系统工程，包含采购、设计、物流、现场验工等。采购能力决定设计的实现能力，中国大部分的软装供应商在广东，在软装采购上具有一定的优势。目前家装市场的情况体现在：软装是对美的追求，消费者的审美并不成熟，更多的是被动接受或者跟风意识；其次，国内缺乏软装设计师，不利于行业的发展和成熟，很多设计公司的软装起步较晚。

软装行业未来无论从企业重视、产业产值，还是从消费者的关注方面，都将会成为热门的行业。有实力的软装设计公司正朝着专业化、细分化、产业化、品牌化、产品一体化、服务深层化和创造价值化的目标努力，不断提升竞争力。因此，在生产、设计、流通和消费者引导等方面都还有很长的路要走。在国外，室内的软装发展较全面，各类装饰物通过有序或无序排列组合而呈现出来。"轻装修、重装饰"的理念在国外已有多年的历

① 刘雅培.软装陈设与室内设计[M].北京：清华大学出版社，2018.

史，并被证实是科学、合理的家庭装修理念。国外装饰品支出占家庭支出比达到40%，甚至更多。

软装设计的各种风格也有很多，从目前国际市场来看，软装的发展趋势是崇尚平和自然，面料产品的设计更趋于抽象、自然，富有民族性、地域文化性，或者朝着极简的个性化发展；面料质地也以麻纺、丝织等天然性织物为主，另外，不易褪色、防水、防火、防尘、防潮、易清洗的面料在软装设计中得到了更多的应用。布艺的图案与花色将原本规范化的图案重新解构，显得更加丰富，这是国际花色设计的趋势。软装设计的主色调将更加趋于中性化，如米黄、浅灰、浅蓝、杏色、黑色等让人感觉稳重、踏实的颜色。

二、软装设计的认知与发展历史

（一）软装设计的认知

1.软装设计的目的和内容

软装设计的目的是美化住所的环境，让人们在住所中得到更加愉悦的精神享受，而这一目的便是通过其内容得以体现的。总体来说，软装设计主要包含两方面内容，即物质建设和精神建设。

首先，软装设计包括物质建设。物质是一个住所最基本的构成要素，物质建设搞得好，才能让人们的居住环境更加优越。在进行物质建设时，最重要的就是保证人体生理上的健康和安全，并在此基础上开展相关的舒适性和便利性的建设。同时，物质建设还要兼具实用性和经济性，因为物质建设是讲求成本的，最佳的物质建设方案应当是花最少的钱，完成最多的事。

其次，软件设计还包括精神建设。生理上的健康和安全只是软装设计最基础的要求，更重要的是为人们带来精神上的享受，因此软装设计必须同时具有艺术性和个性。其实这个要求不难达到，只要软装设计师注意在美学的原理下，考虑到居住者的个性需求，开展室内造型、色彩、光线等的设计，就基本能实现精神建设的目标。

总而言之，在进行软装设计时，必须兼顾物质建设和精神建设，在不妨碍居住者生理健康的情况下，为居住者带来精神上的愉悦和享受，这便是软装设计的最终目的。

2.软装设计的原则

软装设计主要是指室内空间中的家具、灯具、家用电器、纺织品、日用品、艺术品和花卉植物等装饰物品在居室中的搭配与放置，及其与室内空间相互共融、相互组合的关系。陈设设计是陈设物品在空间中有目的性的组织和规划。

室内陈设在设计构思上应纵观室内空间全局、局部，要细致入微，在方寸之间、在空间与空间的衔接上，创造出具有审美价值的多样化、个性化的陈设空间。充分利用不同陈设品所呈现出的不同性格特点和文化内涵，使单纯、枯燥、静态的环境空间变成丰富的、充满情趣的、动态的空间，从而满足不同政治、文化背景，不同社会阶层，不同消费水平人群的不同需求。

（1）风格一致。室内艺术风格的统一是打造空间的重要方法，首先要给室内空间设计定位，使室内陈设品与室内的基本风格和空间的使用功能相协调，营造出一种整体的气氛，即内部空间环境给人的总体印象。其次，具有鲜明风格特征的物品本身就加强了空间的风格特征，对于塑造空间性和氛围十分重要。风格的统一是指在选择陈设品时，选择同风格的物品作为空间陈设的对象。

（2）形态协调。软装设计通过空司、造型、色彩、光线、材质等要素，或归纳为形、色、光、质的完美组合创造出整体审美效果。事实上是探讨陈设品在室内空间中存在的形式美法则。和谐是形式美的最高法则，体现在室内陈设中是统一性原则，就是把各种陈设品摆设形成一个整体，营造出自然和谐、雅致格调的空间氛围。

（3）色彩统一。色调统一的室内给人一种平和、安逸的氛围，是人们在室内选择的最佳色彩系统。对于色彩搭配的方法，一方面可以选择整体室内空间在同一色相中不同明度和纯度的变化，形成室内整体色调的统一；另一方面可以选择具有对比关系的色彩进行设计，对比色是将色相环中呈180°角的两个颜色搭配在一起，使人感受到强烈的视觉冲击力，这类对比色多用于装饰品或者小面积的色块。

3.软装设计的作用

（1）烘托环境气氛，创造独特意境。气氛和意境都是抽象词汇，软装设计要想做到烘托室内环境气氛，并创造出独特的意境，就必须从设计的总体印象和主题思想入手。一个优秀的软装设计师，往往能够通过物品的陈设给予居住者强烈的总体印象，也能通过室内色彩的搭配、光线的调节等为居住者创造独特的意境。

（2）突出空间功能，丰富空间层次。依靠具象的陈设物品来强化室内空间的概念，使空间的使用功能更加合理，更好地为使用者服务，同时使空间更富有层次感。

（3）强化环境风格。设计风格的表达不仅仅取决于硬装，更多地依赖于陈设物品的合理选择和布置。陈设物品的造型、图案、色彩、质地等都要具有明显的统一风格特征，这样才能在环境气氛的营造、对使用者视觉触觉的感知和心理影响以及传递文化信息等方面，起到更深层次的作用。

（4）柔化空间，调节环境色彩。现代建筑空间大多是由直线和板块形体构成的，混凝土、钢材和玻璃等材料通常使人感觉生硬、冷漠和单调。而丰富多彩的室内陈设物品以其亮丽的色彩、生动的形态和无限的趣味明显地柔化了空间感，同时赋予空间勃勃生机。

（5）反映环境的历史文化和时代感。在漫长的历史进程中，不同时期、不同区域的文化赋予了陈设设计不同的内容，也造就了陈设设计多姿多彩的艺术特性。陈设品的时代特性较好地反映了环境的历史文化。

（6）营造环境情趣，表现个人性格。环境情趣的营造往往需要借助于陈设品的摆设或其本身的趣味。陈设品的选择与摆放能反映设计者或主人的审美倾向、文化修养、个性、爱好、年龄和职业特点，是展示自我、表现自我的有效手段。

（二）软装设计的发展历史

20世纪初，兴盛于欧洲国家的装饰派艺术，经过数十年的发展，在20世纪30年代形成了声势浩大的软装饰艺术。但是，软装饰艺术并没有随着时代的发展顺利风靡下去，反而是经历了一个衰败期。后来，直至20世纪60年代后期，伴随着逐渐走向和平的世界发展趋势，软装饰艺术也开始复兴，越来越多的人意识到了软装饰艺术的重要性。

具体到中国的软装设计发展来说，一次重大的家居装饰风格转变发生在20世纪八九十年代以后，主要表现形式为从宾馆型和豪华型转向为简约型。从这种装饰风格的转变不难看出，现代的人更加注重实用和简洁，而不是盲目地追求以外观为主的形式主义。如今，后装饰时代已经来临，"轻装修、重装饰"的理念越来越被人们广泛接受与认同，软装作为室内设计的一部分已经占据了相当重要的位置，不可取代。

第二节　软装设计元素的内容与功能

一、家具

家具资源是软装中最为重要的功能性软装资源，家具门类众多、用料各异、品种齐全、用途不一。不仅是家装的基础，也是人们维系日常生活的基础。

室内装饰的重要组成部分即家具，家具的类型、材质多种多样，实际的设计过程中可以根据其具体的功能以及业主的使用需求、审美需求选择不同的风格，从而实现美化室内空间的目的。从风格的角度来说，家具可以分为中式家具和欧式家具两种，中式家具以中国古典建筑设计装饰为主要的设计风格，中式家具以清式家具和明式家具为主，传统的中式家具以黄花梨、沉香木、紫檀等硬木为主要的材质，但成本较高，价格昂贵，不适合现代普通居民的使用，因此出现了现代中式家具，现代中式家具保留了传统的意境以及精神象征，制作工艺上摒弃了以往繁杂精细的纹路图案，更符合现代人的审美需求。欧式家具是欧式古典风格装修的重要元素，家具艺术感强，华贵优雅，欧式家具的主要木材有橡木、胡桃木、桃花心木等，从材料上来说，室内家具主要有实木家具、人造皮革、藤编家具等几种。

不同家具之间的搭配整合可以遵循一定的程式，以满足居住人的要求。而符合欧式新古典主义的功能性软装资源主要有：皮沙发、木沙发、床、衣柜、罗马柱、蜡烛台式吊灯、水晶宫灯、戴帽式台灯、沙发保护套、桌布和窗帘等。

二、布艺

室内纺织品就是人们通常所说的布艺，在软装设计中布艺起到非常重要的作用。布艺是一种常用的功能性软装资源。

布艺包括窗帘、地毯、桌布、灯罩、各种床上用品等，种类繁多，功能不一，这类装饰品质地较软，造型多样，摆放随意。在装修过程中，选择合适的纺织品，利用其本身的特质等，可以对室内空间设计进行适当的调节，从而营造出富有艺术情感的室内空间效果。在室内设计过程中窗帘及床上用品的使用最为广泛，布艺的主要作用是协调室内整体的装修风格，使室内设计更加流畅柔和，增强室内的亮度，布艺应用时需要根据具体的室内布局及装修风格进行设计。

在进行软装设计时，使用的最多的元素之一就是布艺，在现代设计中，硬装设计往往给人一种冰冷呆板的印象，布艺通常就是用来对此进行中和的。布艺整体比较柔软，对于空间中的棱角具有一定的调节作用，让整个室内的空间在感观上变得更加和谐，变成一个有机的整体。布艺的材质、颜色、纹样不同，表现出来的效果也是完全不一样的，因此，我们在设计中，对布艺进行选择时，可以以想要达成的整体效果为依照，并与自己的喜好相结合。

三、墙体装饰物

壁画、墙纸、无缝墙布、纱窗等都属于墙体装饰物，它们的主要作用是保护墙体、美化墙面环境，提高室内环境的舒适度。另一方面，墙体装饰物的添加能够让室内分区更加明显，在视觉上增加室内空间的面积，在室内设计中发挥着重要的作用。

四、室内绿化

现代社会中，人们愈加快速的生活，导致生存压力加大，使得人们对于室内生活舒适度的要求也越来也高，因此，在室内设计过程中越来越多的人希望通过一些绿色盆栽净化室内的空气，同时增添空间的生气，因此室内绿化逐渐成为室内装饰的重要元素之一，室内绿化便成为很多人热衷的事情。目前，室内绿化已包括各种资源，如树木花草、山石资源等。绿化资源的利用使室内空间更加富有自然的情感，也更能凸显室内空间的艺术气息。

中国传统建筑很重视人与自然的统一、建筑与自然的有机结合，在自然环境中融入人的思想感情和精神风貌。人们将花草植物、水、阳光等这些自然元素搬进室内，不仅净化了室内的空气，还使得人们的生活环境变得朝气蓬勃。根据季节的变化，可以选择不同的植物，在某种程度上，新鲜的植物能缓解在工作中、生活中的压力，起到怡情养性的作用，让生活在大都市的人们能够亲近自然、感受自然。

五、灯具

灯具是现代建筑室内装修必备的部分，随着科学技术的发展，现代灯具不再仅仅局限于照明，而更多地应用于室内装饰，首先灯饰本身能够增加室内设计的美观性，其次在光与影的相互作用之下也能够营造出不一样的视觉效果，因此灯具选择时不仅需要注意其外观效果，还应关注灯光的颜色。

六、装饰艺术品

装饰艺术品在所有的装修设计之中都会应用到，它们的使用能够使得整体的室内设计更具艺术性。每一件装饰艺术品都有它独特的展现方式，它传递着主人对生活的一种态度。艺术品选择时可以完全按照主人的个人爱好以及室内的整体风格进行，不要拘泥于某一类固定的物品。

装饰艺术品彰显个性，展现风格，让人们的生活空间富有艺术的魅力。家呈现出的是一种风格，在艺术品有序或无序的摆放间，追求一种节奏和均衡的感觉，一种生活和心灵的契合。

软装饰对于室内环境相当于公园中的花、草、树、木、亭、台、楼、阁，它能够赋予室内空间一定的精神价值及生机，对于建筑物十分重要。

| 第二章 |

软装设计的美学原则与色彩

第一节　软装设计的美学原则

软装设计应遵循自然规律和审美规律。室内设计应是完美的，包括形状、颜色、光线、材质等元素，或简单完美的造型。

软装设计的软装艺术的空间构图是设计师基本艺术素质的表现，这种艺术素质的养成主要来自艺术类的专业基础训练，这些美感的形态构成基本原理如下。

一、软装设计的形式美感

（一）尺度与比例

装修的时候一定要注意空间的比例问题，如何合理地运用空间，是设计师需要细心考虑的方面之一。空间的比例和尺度把握好了，那么呈现出来的装修效果就大气美观。不同的物体之间、整体和局部之间，都要保持良好的关系，这种需要保持恰当配比的关系包括很多方面的内容，比如大小、长短、粗细、轻重、厚薄、浓淡，等等。除此之外，感性和理性之间的比例关系也很重要。

在软装设计中，人们在对空间进行布置的时候，一定要注意合理利用空间，既不能太空旷地摆放物品，也不能将物品堆叠在一起，这样都不是合理利用空间的表现。空间结构一定要把握好，然后定好装修风格，按照装修风格去选择家具，再到每一处细节的处理，都应该与装修风格相符合，否则跳脱性太大，装修效果就不伦不类。很明显，在进行实际设计操作时，我们更多的审美依据是来自自身在感觉方面的敏锐度。在室内空间的设计中，对于物品的比例和尺度一定要进行准确的把握，主要有两点需要注意：其一，尺度要宜人；其二，物品之间要保持和谐的状态。举个例子，如果空间比较小，那么一些过大的饰品摆放进去就是不太合适的；如果是一个比较空旷的空间的话，家具软装太小就会显得整个空间过于空旷，或者是让人感觉物品的尺寸不恰当、不合用。

（二）统一和对比

在艺术设计中，一个比较基本的造型技巧就是统一和对比，所谓统一和对比，就是指将两种不一样的事物、物体及色彩等进行对照，或者使其在部分内容上保持一致。在装修的时候，如果遇到对比非常鲜明的物品时，就要将物品的特点进行精心划分，颜色、形状等都不要与其他物品有太大的冲突，否则摆放起来就会显得很突兀。合理利用对比，可以使装修呈现更加现代化的效果。若把互补的物品放在一起，则更有利于空间的合理利用。在软装设计中统一与对比是常常采用的设计手法。在大的室内空间中，不同的装修材质对装修效果的影响也是很大的，选择什么样的装修材料与装修风格有关，确定了装修风格的基调以后，就可以着手选择装修材料了。

例如，现代风格的装修一般是简约的，地中海风格是清新的，选材时就要注意不要选择违和的材料。选择的装修材料要环保，色泽、质地要统一，那么装修起来，各种材料用到一起也会呈现和谐统一的效果。在质地木纹方面，各类家具最好也要保持一致。我们在进行设计时，整齐和统一是最容易使得整体达到美的标准和要求的，尤其是当空间比较窄小或是用途比较多样时，室内的各类物品在进行摆放时尤其要注意保持统一。当大基调比较相似时，对于局部的一些小的变化也要格外注意，这样做能够让整个空间更加和谐，而不至于过于呆板、单调。比如说，现代古朴风格的室内，可以在一些地方放上鲜花，这样整个空间就会变得更加生动、有生气，这种做法就是在古朴的软装品和色彩之间形成了一种对比。

（三）和谐与对称

任何细节或细节的结合，只要它给人一种和谐与愉悦的感觉，就是一种和谐、融洽的形式。在功能要求的前提下，对于软装的设计要保持协调一致，使之和谐统一。和谐也有很多不同的分类，比如风格的和谐、色彩的和谐、物质的和谐等。在进行软装设计的时候，最为重要的一种设计形式就是和谐。在视觉方面，要保持室内的各种物体的稳定、协调。这种结合其实也是不同种类的配件的统一，包括体积、纹理、气味等方面。在视觉上，这种和谐也能给人平静、安静、满足等感觉。

当下，我们使用的最多的进行软装的方法就是对称组合的方法。在美学方面，人类使用的最早的表现形式就是对称，这也是在形式美方面的一种传统表现形式。在对称当中，一般可以分为两种，即相对对称和绝对对称。但是，如果一个空间内的对称布局过于严格，在人的视觉感受中就会认为它有一些呆板。在保证空间内部基本对称的前提下，在局部上进行一些不对称的设计，就会使整个空间拥有一些动态的变化。例如，中国软装设计的基本对称，使人感到有秩序、庄重、整洁。

（四）平衡性

平衡法打破了对称模式，是自然物体存在的一种机械形式。平衡与对称是不同的。通过对相同数量、大小和尺寸的布置，使其具有视觉稳定性，同时也使室内负载平衡设计的灵活性得到了稳定。这主要包括体轴和部件的颜色。平衡，以及对称的形式，充分展现了软装设计生动、和谐、美丽的魅力。家居产品在室内设计的视觉体验不一定是对称的，但从视觉上的经验来说，如屋顶的颜色一般应是浅色，以避免头重脚轻的感觉。

（五）创造一个视觉中心

为了营造和谐的氛围和空间，最简单的方法就是创造性地规划家具、灯光和配饰来创造完美的组合。视觉平衡房间的关键是要有一个中心焦点，比如窗户或镜子的摆放位置一定要合适。一个区域应该有一个可视中心。这一原理可以使每个房间都有一个亮点，而这个亮点也可以使室内设计的整体设计更容易把握和突出。

在大型的室内公共空间也可以选择一些公共艺术作品作为建筑室内的一个很好的艺术中心区，这能够有效提升空间的艺术气质。也可以非常钟爱的艺术品为中心，选择一些色彩大胆的软装等在此周围设置一个正式的会谈区域。

（六）节奏与韵律

相同的简单的形状和连续重复的软装会影响全屋的总体布局，除了长度的变化，厚度、形状和颜色的变化，以及由此展现出来的节奏和韵律的美也会影响空间的布局。在复式房屋和别墅的布局和节奏中，较大的公共空间的软装设计将实现这一设计原则，并让不断变化的空间提醒人们规律的变化。如卧室、起居室的壁纸、地板等与室内的窗帘、室内装饰和照明等形成了强烈鲜明的对比，也可以感觉到一个清晰的节奏变化。

设计师经常把几何图形融入设计中，在软装设计中运用一些倾斜、简单的几何图形，并运用各种光影、仿生的设计，可以创造一个具有艺术性的环境。

二、软装设计的构思布局

在软装设计中，设计的优劣取决于创意设计的独特性。艺术设计强调了这个概念的重要性。在思考中，可以充分发挥大胆的想象力，充分展示环境的特点。合理的技术管理布局是我国普通装修方法的重要组成部分。这也是一种软装艺术的方法。

但是，布局合理是各种软装设计的基础，在此基础上把大部分的创造性的理念运用到设计中，使设计更加合理，给人带来更多的美感和舒适度。将整个设计都放入到合理的范围内给人带来更好的享受，充分发挥设计的想象力，将环境的特点考虑进去，合理地使用软装的技巧，总之，可以给人带来更多的美感。

布局管理是绘画方法的一个组成部分，布局是一个完美的设计工具。构图是一种艺术骨架，类似人的骨架，可以支撑全身的重量，艺术骨架是整个画面的基本结构，并支持各种构图风格的画面。正如人们所看到的，艺术骨架在绘画中扮演着重要的角色。例如，餐饮空间环境需要分解成线条、褶皱、弧形、起伏、不完整和半透明的墙壁等，这也起到了重要的作用。

三、软装设计的造型特点

室内软环境主要由形状、颜色、材料和光线等基本要素构成，分为自然和人工两大类。它可以塑造内部环境的特征，影响居民的日常行为。

从人类发展的漫长历史来看，不难看出人类正在追求一种美丽、充满活力、智慧的室内平装空间。无论是一个物体，一个花瓶，一套家具，还是整个空间，里面都有不同的形状。色彩斑斓的室内风格的主要特点是创造室内人物。例如，围绕着各种绿色环保的酒店风格，整体空间融入了绿色海洋，具有独特的空间魅力。

独特的室内设计具有个性、魅力、吸引力和竞争力，使人们渴望舒适美好的生活。一般的室内设计主要包括，普通家具、一般的软装、无创意，乏味的工作环境等。这样的设计，应该说没有灵魂的设计，没有好的软装效果是不成功的，更不用说艺术的吸引力了。色彩的搭配在软装设计中十分重要，色彩的运用与家居的装修风格有着密切的联系。

第二节　软装设计元素与色彩

一、色彩

（一）色彩的属性与关系

在视觉上，颜色可以用三个具体的物理量来衡量：色相、明度和饱和度（或纯度）。色相、明度和饱和度是颜色的三个属性，也被称为颜色的三个元素。

这三个属性对于任何颜色来说都是不可缺少的。颜色的三个属性互不影响。两个不同颜色的至少一个属性是不相同的，而且只有三个属性都相同才会产生完全相同的颜色。

正是因为这三种属性的变化带来了各种各样的颜色。任何属性的细微变化都可以从根本上改变颜色，如无色的颜色可以是纯度的属性发生了变化。

大多数颜色系统都是以系统分类为基础，归纳和排列成三种颜色属性。

1.色相

色相（hue，简写为 H）是颜色最基本的特征，颜色和颜色最鲜明的特征是不同的。

可见光谱中不同波长的辐射呈现出不同的色调。例如，红色、橙色、黄色、绿色、青色、蓝色和紫色是不同光谱波长的颜色，所有这些都表明特定的波长色相显示出了不同的颜色。

色相是由光源的光谱组成决定的。色相差别是由光波波长的长短产生的，主波长不同，颜色不同。红色（R）的颜色是在700nm处的主波长反射的结果。如果在红色颜料中加入不同数量的白色、灰色或黑色，可以得到不同的颜色，但是因为主要的波长因子没有改变，颜色仍然是相同色调。

色带的光谱颜色是弯曲的，而在光谱（紫色、高光谱）上的紫红色的损失产生了一个圆的圈，称为色相环。由于连续环很难命名和管理，且连续环的间距是均匀的，而每个段的中间部分代表了段的颜色，因此形成了各种分段的色相环。

不同波长的光会对视网膜产生不同的刺激，视觉通道会因为这种不同的刺激而产生不同的颜色。但是，对于不同颜色的波长，人类的视网膜细胞的敏感程度也是完全不一样的。人们发现，在经过许多人的实际测量之后，人眼对490nm附近的蓝光和590nm附近的橙色光特别敏感而对于红蓝、红紫等颜色进行辨别是很困难的，波长从655nm的红蓝到红紫色慢光谱，从430nm波长一直到光谱的紫色末端这一段，肉眼几乎难以分辨。

基本上来说，对于光谱内的颜色，大多数人能够分辨出100多种，而对于光谱外的颜色，大部分人能够分辨出约30种。通常来讲，在色彩分辨方面表现出高度敏感的人，有很大可能能够成为画家，在辨认色彩方面，他们能够分辨出远远多于130种的颜色。一般从事和色彩有关的工作人员，比如进行色彩复制、色彩设计等工作的人，通过不断地进行色彩实践，就算本身对于色彩分辨不那么敏感，最终也能通过实践和锻炼极大地提升自己对于色彩的辨认能力，使自己能够分辨出的色彩数量远远超过130种。

2.明度

明度（value，简写为V），也称为亮度。通常来说，颜色的亮度是人眼感受到的亮度。人的眼睛对光线和黑暗的变化非常敏感。反射的光线变化很小，甚至不到1%，人眼都能感觉到它。一般来说，每种颜色的亮度取决于人眼感受到的辐射能的大小。由于其反射（透射）光的不同，光与暗的差别，可以用反射率（透过率）来表示。彩色或无色物体的反射率越高，亮度越高。换句话说，每一个颜色物体的亮度越高，越接近白色，亮度越高，越接近黑色，亮度就越低。

根据人眼的光谱效率，即使在相同的反射率下，不同色调的光谱颜色的明度也有所不同。其中黄色、橙色、黄绿色是最亮的，橙色高于红色的明度，蓝色低于青色的明度。因此，明度不是简单的物理测量，也不是一种心理测量。由于明度的不同，相同的色相可能表现出不一样的颜色，不同的颜色如绿色，可分为浅绿色、深绿色等。它是光与暗的色差。

白色颜料是一种高度反光的材料。如果将白色添加到其他颜料中，混合色的明度可以增加。黑色颜料是一种反射率非常低的材料，与其他颜料混合可以减少混合色的明度。除了颜色的白色或黑色以外，除了明度的变化之外，还有另一种性质经常导致颜色发生改变，就是饱和度的变化。

人们可以更准确地确定光和阴影的颜色对比。根据这项研究，人类的眼睛可以分辨出600多个光影。然而，由于光的适应性，很难准确地确定明度的绝对颜色。人眼分辨差异的准确性也取决于场景的整体明度水平。如果明度太大或太小，人眼分辨明度的敏感度就会降低。只有在中等明度的情况下，人眼的明度和分辨率才最好。

经过扫描之后，彩色原稿会被分色，在分色片上，颜色是通过明度来进行表示和记录的。色量的多少是由明度值的大小决定的。

3.饱和度

饱和度，也叫作彩度或者纯度，通常用英文 chroma 或者 saturation 表示，一般简写为 C 或者是 S。它是指反射光或者透射光中和光谱比较相近的颜色，或者是那些和中性的灰色保持一致的色彩强度。由此我们可以知道，在整个光谱中，色光饱和度方面，单色光是最为饱和的。所谓色光饱和度就是指，在颜色当中，单色光成分所占的百分比和百分数的乘积。

当白色或黑色加入固体色素时，颜色饱和度可以降低。因此，饱和度可以被理解为包含在"灰度"级别的颜色的数量。特别是，它是饱和的。如果纯色饱和度较高，则由于固体和无色混合而存在少量中性灰度，如果饱和度较低，则为中性灰度。

高饱和度和低饱和度的色调不明显，所以非常暗的颜色常常使颜色和色调很难区分。物体的颜色饱和度取决于物体表面反射光的色谱选择性。对于较窄的光谱波段，该物体具有较高的反射率，对其他波长无反射或反射率很低，表明高光谱具有高饱和度。如果一个物体能够反射一个阴影并反射其他颜色，那么颜色的饱和度就会降低。

色彩饱和度与有色物体的表面结构有关。如果颜色表面光滑，表面反射是单向的，此时会观察到反射光。由于强光和低饱和度，白光较少反射，颜色饱和度较高。如果颜色表面粗糙，反射光的表面是任意方向的漫射白光，在一定程度上稀释了色彩饱和度。

4.颜色三个属性的相互关系

人们在观察色彩时会产生一些主观感受，即视觉心理，其中最为重要的三种属性就是色相、明度以及饱和度。这三种属性并不属于光的物理性质当中的内容，虽然它们和主波长、光强以及光谱的能量分布相关程度很高。这三个属性究竟表现得怎么样还是会受到人类的视觉的影响。

这三种颜色虽然互相之间是独立的，但每一个却并不能单独存在，它们之间是相互联系在一起的。色相和饱和度也被称为颜色，颜色描述只是色相和饱和度的意思，这是非常重要的一点区别。

如增加白色会增加颜色的明度，增加黑色会减少颜色的明度。随着白色和黑色的增加，颜色的明度变化，颜色的饱和度也会改变。白度和黑度越高，饱和度越低。

只有在中等明度下才能充分体现明度和饱和度。中等明度时，平均眼睛能分辨出10000种颜色。丰富的彩色照片可以显示超过2000种不同的颜色。在非常低的光照条件下，颜色会变暗，所以很难区分色相和饱和度。如果这种非常明亮的光线，人眼的刺激程度已经达到了人眼睛细胞的极限，进而会有一种令人眼花缭乱的感觉，无法辨别所有的属性。

三种颜色属性以光谱反射率曲线表示。曲线的峰值反射率与主波长的颜色相对应，主波长表示颜色的色相，而色相根据主波长的不同而变化。

（二）色彩的心理表现

色彩是使人感受到美丽的元素，它也在许多方面影响着人们的心理活动。它们直接受到视觉的刺激，间接地影响人们的情绪、思想和行为。

颜色具有强烈的心理功能，它影响着人们的心情，人们无论是对色彩、视觉效果或心里的感受，都应该体会到其差异。

1.色彩的视觉心理感受

色彩的视觉体验是人们看到色彩时形成的一种心理感受。它相对于其他形式，在某种程度上是相对固定的。

（1）色彩的冷暖感。人的冷漠与人的视觉体验形成的心理联系形成了人的思维。红色、橙色、橘色和其他长波能让人想起火、阳光或铁水，并有一种温暖的感觉，可以称为暖色。蓝色、蓝色、绿松石和更冷色调的短波会让人联想到水、蓝色的天空或阴影，它们可以被称为冷色调。与上面的寒冷相比，如绿色、紫色、黑色、白色、灰色等颜色，可以称为中性色。色彩的温暖主要取决于色相。虽然明度也受到影响，但影响不大。中性色不冷不热，这在理论上实际应用中是不同的。中性色与冷色相比，有一种温暖的感觉，但与暖色调相比，它是一种清凉的感觉。

除了不同的温度，在不同的环境中还有不同的冷色调。冷色可以让人感觉深邃、透明。暖色则使人感到温暖、沉重、压抑的情绪。

（2）色彩的轻重感。色彩的明度、纯度和色相会影响颜色的感觉，明度的影响最大。如果两件相同尺寸和相同质量的物品分别被涂成黑色和白色，人们会毫不犹豫地判断白色和黑色的重量。明度越高越将形成一个浮动的、上升的、轻量级的趋势，如蓝天、白云；深色给人一种向下的趋势。同样的明度在颜色之间，低纯度的色彩感觉沉重，高纯度的色彩感觉轻松。而仅就颜色而言，红色、橙色、黄色和其他暖色给人一种沉重的感觉。蓝色和绿色等冷色给人一种清爽的感觉。

在图画中，如果上部颜色明度和纯度很高，颜色深度较低，明度低，纯度较低，人们会觉得这张照片是一种稳定的感觉，反之亦然会有强烈的感觉，颜色明度和颜色纯度的关系是一种轻重对比的常见用法。

（3）色彩的空间感。高纯度、高明度的暖色调被称为前进色。低纯度，低明度的冷色调称为后退色。通过这种独特的色彩，可以给人一种不同的颜色感，对于软装的设计，让它发挥调节房间空间的作用。暖色使人感到沉重、发热和膨胀给人带来缩短间隔空间的感觉。冷色让人感觉凉爽、精致、收缩，可以促进空间的延伸。不同的气候条件也会影响颜色的使用。在寒冷的北方，暖色调带来温暖的感觉，所以暖色可以用于墙壁、家具和窗帘。相反，南方的天气潮湿，冷色调的装饰在一定程度上缓解了这种现象，给人一种冷静的心态。

这些色彩的特点体现了色彩的功能：调节人们的心理情感，调节室内光线的强度，调节空间距离，使生活环境更加符合人的需求。根据从浅到深的颜色，从暗到亮的颜色排列，接近自然渐变的逐渐发展，带着空间感和起伏感。

（4）色彩的动力感。不同的颜色包含不同程度的能量。高纯的色彩是活泼的，色彩是相互排斥的，形成一种抵抗。图像具有很强的动态效果。它们精力充沛，活跃，有向外扩张的力量。这种高强度的信息也很吸引人。

颜色不是分开的，取决于家具，材料和装饰元素。仅靠颜色来创造一个完美的内饰是不够的，需要通过形状，纹理，图案和颜色的交互来塑造。很多人会看到家具的形状和材质，往往忽视了色彩的重要性，从而影响了整体的装修风格。

在软装家居设计中，主要考虑的是主色彩空间。因为它决定了整个空间的主色。主要颜色是背景颜色、整体颜色和装饰组合。背景颜色由所有墙壁的颜色和大多数地板的颜色组成。房间里的所有家具都是空间的主色调，可以根据用户的喜好来决定家具的颜色。在不同的空间使用不同的颜色来选择正确的颜色是很重要的，如在卧室里选择冷色调的颜色适合睡觉。

（5）色彩的透明感。透明的颜色，就像透明的材料一样，可以模糊地显示层次结构的内部结构。绿色、青色是使人觉得凉爽的颜色，有一种潮湿和透明的感觉。众所周知，透明的颜料，例如水彩颜料，用来表达颜色的透明度。也可以通过不透明的颜料和一些组织颜色来表现透明感。例如，使用明度和色度等级，按等级控制，可以自然地显示透明度、光和软效果。

2.色彩的情感表现

颜色作为一种客观存在的自然现象，只是一种物理现象。它不反映自己的思想和感情，但人们生活在一个多姿多彩的世界里，所以他们积累了丰富的色彩经验，一旦经验与外界的色彩刺激产生共鸣，它就会影响人们的情绪，产生令人或兴奋或安静的效果。这就是所谓的色彩情感效应。

颜色有一些物理性质，不同的颜色产生不同的波长。可以清楚地理解颜色结构是一种物理现象。会对人们的情绪和心理产生一定的影响。有些颜色可以让人觉得很安静，有些颜色可以让人感到兴奋。色彩不仅可以使人产生温暖、寒冷、距离、严肃等感觉，给人不同的心理体验，如红、黄、橙的兴奋活泼；绿色是春天的象征，白色象征纯洁和高贵。

许多人研究什么样的情感联系可以由什么颜色来表达，但是颜色和人类情感的关系经常变化。色彩感觉的情感是与特定的事件相关的，无论是在特定的地理区域还是时间，当其他的事物是变化状态时，色彩所代表的甚至可能是反向的情绪。尽管如此，色彩总是能表达强烈的情感。

3.色彩的象征

特定颜色的特定内容被称为颜色的符号。颜色代表了具体的内容，随着时间的推移，颜色逐渐成为某些事物的象征。颜色的象征意义在于人们思想的深刻表达。

在当今世界，许多国家或民族习惯于赋予颜色的象征意义来表达他们的身份、地位。有些颜色的象征意义在世界上具有共同的意义。一些颜色的象征意义只是一个个性的问题，它是由不同国家的传统和习俗所支持的。有时，颜色的象征来自视觉美学，不是来自情感，而是作为一种象征性的、完全抽象的或特定的词汇。

不同的颜色在不同的国家具有不同的象征和代表。在中国，红色代表着一种喜庆的气氛，具有吉祥的寓意，象征着革命的气息，在婚礼上各种张灯结彩，大红灯笼高高挂起，尽显结婚的喜庆。而白色主要用于丧礼、死亡或者悲痛的氛围之中。而在西方国家，颜色的象征意义与中国的不尽相同。白色在欧美国家与中国的寓意也不尽相同，白色是纯洁与幸福的象征。

绿色往往都被赋予美好的寓意。代表着一种青春、一种生命力、一种活力，还代表着和平、环保与安全。绿色作为和平的标志，从国际上的橄榄枝就可以明显看出；绿色作为环保的标志，从目前提倡的绿色生产、绿色节能、绿色管理等都可以看出；绿色作为安全的标志，从交通信号灯就可以看出，红色是禁止行人穿越，而绿色是通行和安全的标志；绿色作为青春、生命力和活力的标志，主要体现在小草是绿色，它尽显着顽强的生命力，焕发着青春的活力。

蓝色自古就有很深的寓意，它是尊严、真理和智慧的象征，也代表着一种高科技。而在西方的国家，蓝色有贵族的寓意，是贵族的典型象征。例如，比较常见的是蓝色血统，其实就指的是贵族的血统。另外，在一些生产商的产品中，常常有蓝色的标志，蓝色代表着这种产品是高科技的化身，是智慧的结晶。

紫色随着时代的发展，其寓意也有一些变化。紫色可以象征着高贵、大气，也可以象征着一种消极的态度以及孤傲的性格。然而，在西方国家，紫色门第和蓝色血统有着异曲同工之妙，象征着贵族里面的子弟。在古代，紫色是高官的象征，紫色的衣袍更是代表了一种权贵和地位。随着时代的发展和进步，目前，在东方和西方，都认为紫色是一种高级的颜色。

4.色彩的喜好特征

色彩的喜好不是一个整体性的问题，而是个人行为方面的问题。色彩的喜好，受很多因素的影响和制约，例如，不同的民族、不同的地域、不同的文化背景、不同的风俗习惯、不同的个人经历、不同的知识水平以及不同的素养等因素都会对个人的色彩喜好给予一定的影响。不同的人们对不同的色彩的喜爱程度不一样，但是从中认真挖掘和研究，可以从不同中寻找到相对稳定的特点。

年龄对色彩的喜爱也有一定的影响。不同年龄阶段的人，对色彩的喜好程度是不一样的。例如，老年人偏重黑色、棕色或者灰色这些暗的色调，从而彰显老年人稳重、沉稳的特点；青少年则偏向于红色、粉色、绿色、蓝色等比较鲜艳的颜色。

不同地区的人们对色彩的喜好也有所不同。城市和农村是两个不同的地区，生活在这两个地区的人们对色彩的喜爱程度也是不一样的。城市中的人们由于受环境的影响比较严重，缺乏山水之间浓浓的绿色气息，因此，常常对色彩的追求偏向于绿色与蓝色等。农村的人们受环境的影响比较小，长期生活在青山绿水旁，因此，常常对色彩的追求偏向于红色或橙色等。

各个民族和地区之间由于文化背景、风俗习惯和经历不同，其审美的观念和色彩的观念也有所差异。众所周知，东方和西方由于背景、文化、地域等方面的差异，其对色彩的喜好存在着很大的差异。例如，中国人通常偏向于红色，红色代表着吉祥和喜庆，而西方人比较重视色彩中的蓝色，他们认为蓝色是权贵和地位的象征。

随着经济的发展以及科技的进步，流行色也在不断变化。在此背景下，人们对于色彩的爱好也有了不同的变化。所谓的流行色，其实就是在特定背景下，大多数人对不同色彩的憧憬和追求。随着可持续发展的重视，自然色彩被选为流行色。追根求源，主要是因为随着经济的发展和社会的进步，环境遭到严重的破坏，很多飞禽走兽都有面临着灭绝，保护环境成为全球人类的共同呼声。在此背景下，人们对色彩的追求发生了一定的变化，更加向往和追求海洋色等自然的色彩。

人们对色彩的追求和爱好，不仅关系着环境的污染，还关系着商业的竞争。往往消费者喜爱的色彩，是商家最为看重的色彩，也是刺激消费的重要途径和手段。消费者对哪种色彩比较偏爱，哪种色彩的商品销量就比较高。由此可见，在设计者设计商品色彩时，应该考虑消费者的色彩喜好，这是一个重要的根据。需要指出的是，消费者的某一个喜好，并不能代表着特定商品的爱好，在进行商品的色彩设计时，应该充分对消费的色彩喜好进行调查和分析。

（三）色彩对比

通常来讲，在实际生活当中，没有哪个色彩是能够单独存在的。当两种或者是多种颜色放在一起的时候，不同的颜色之间就会出现对比，并产生不同的表现，比如明暗的差异。因此，在视场中，会出现色彩的对比。所谓色彩对比，就是指在相邻的区域内，不同的色彩因为互相影响而表现出色彩差别的一种现象。

色彩对比在分析色彩的过程中占据重要的地位。一般来说，色彩对比可以分为两大类：同时对比与连续对比。对所有的色彩影响最为严重的类型就是同时对比。同时对比的种类也有很多，例如色相对比、明度对比以及纯度对比等等。本节侧重于介绍同时对比的配置原则和情感反应。

1.色相的对比

色相对比，顾名思义，就是由色相的不同，引起的色彩的不同，这种色相的差别就是色相的对比。在很多情况下都可能出现色相对比这种现象，颜色的纯度不管高还是低，都是可能会出现色性对比这种情况的，而不管颜色的饱和度是高还是低，色相对比这种情况也都是可能会出现的。

2.明度的对比

明度对比，简单来讲，就是由于明度的不同而引起的色彩的差异。这种现象就叫作明度对比。明度的对比在色彩对比中占据重要的地位。明度的产生其实就是昼夜交替的结果。众所周知，白天和晚上的明度是有一定的区别的，在昼夜交替的过程中，人们不但适应了明度的变化，而且对明度的变化形成一种强有力的适应能力。即使明度稍微变化，人们也可以分辨出或觉察到。实践证明，人的眼睛对明度对比的识别率是十分高的，与纯度对比相比，甚至可以达到它的三倍左右。由此可见，明度对比具有很大的表现空间，比其他的色彩对比，更加容易辨别。

明度的对比，主要是由颜色明度的差来决定的。简单来说，差值越大，其明度对比也就越强。具体来讲，对于明度对比，我们一般可以划分成为三个不同的等级：明度的强对比、明度的中对比、明度的弱对比。这三个等级主要是根据颜色的明度差来进行区别划分的。在明度的弱对比中，明度差应当小于等于三个级数，色彩在明度方面差别不太大，因此表现出的就是明度对比比较弱。而明度的中对比这种情况，它处在明度对比的中间层级，是指级数差控制在三到五之间，主要表现为色彩明度的差别属于中等，存在着一定的差别。对于明度强对比，主要是色彩的明度存在着很大的差别，其级数差主要控制在五级以上，其效果是比较强烈的，并且表现出很强的刺激。

3.纯度的对比

纯度对比也是色彩对比的重要部分，在色彩对比中占据重要的地位。纯度的对比，简单来讲，就是色彩中纯度之间的对比。举例来讲，一个鲜艳的绿色和一个略带灰色的绿色混合在一起，就会出现一定的色彩差别，这种彩色差别就是纯度的对比。纯度的对比并不是只发生在同一个色相中或者多个色相中。而是可以发生在不同的色相的纯度对比之中，即使是同一个色相，在不同的纯度色中也可以发生纯度的对比。

纯度对比与明度对比一样，都可以分为不同的类型，这里将纯度的对比分为三个类型，即纯度强对比、纯度中对比和纯度弱对比。

（1）纯度的强对比。在纯度对比当中，纯度的强对比是其中比较常见的一种对比形式，其划分主要是以纯度的差为依据的。这里将纯度间隔大于八度的色彩对比叫作纯度强对比。这种强的对比形式，其效果比较明显，具有很强的刺激性、层次感也比较明显。在使用过程中，如果使用恰当，就会达到很好的效果。

（2）纯度的中对比。相比纯度的强对比，纯度的中对比中纯度在间隔上表现得比较小，通常，纯度的中对比中的色彩对比一般在四度到六度。同时，纯度的中对比在自身特点方面也有一定的独特性，即效果中等、适度，刺激性也处在中等的位置，视觉柔和。纯度中对比的应用还是比较广泛的，在日常生活以及艺术设计中都有广泛的应用。

（3）纯度的弱对比。和纯度的强对比、纯度的中对比相比，纯度的弱对比在纯度间隔方面表现得更小，一般来讲其色彩对比的差都在三度以下。在特点方面，纯度的弱对比的主要表现就是效果相对弱一些，人们的视觉接受的刺激也相对更小，层次感方面表现较差，但人类在视觉上会觉得更加舒适。

现实中的自然色彩和应用色彩都是不同程度含灰的非光谱色，而每一色相在纯度上的微妙变化都会使一个颜色产生新的面貌。因此，纯度对比可以容纳十分丰富的色彩效果。

从不同的侧面出发，对于色彩的对比种类，我们一般可以划分出三个不同属性：色相、明度、纯度。而实际生活中，我们所说的色彩这个概念，是一个比较全面的概念，并不是其中的某一个属性。在对色彩进行对比时，一般都会对三个属性进行一定的对比，在对比这三个属性时，要比单个属性对比要复杂得多。同时，三个属性一起对比形成的效果要比单个属性复杂。虽然色彩的三个属性联系在一起比较复杂，但是，只要将这三个属性看作一个整体，理解起来就比较容易了。

二、色彩与色彩设计

（一）色彩机能

色彩不仅存在着一定的对比，也是室内色彩中不可缺少的元素。色彩不仅会对室内装饰的最终呈现效果产生影响，对于室内的形式结构表现也会产生一定的影响。在室内视觉表现中，色彩是其中发挥主要作用的一个载体，而且在机能方面也具有实际作用。简单一点说就是，室内的色彩表现是具有双重作用的，不仅有美学功能，还有机能作用，除了能够使美感效果得到展现，对于环境效应也能起到一定的强化作用。

1.色彩的性格表现

色彩作为一种形式媒体存在，是具有一定的象征性意义的，在设计中，我们可以通过对室内色彩进行合理恰当的运用，对一些性格进行表现，这可以说是进行性格表现最为有效的一种方法了。众所周知，暖色调给人以积极乐观、欢快明朗的感觉，这些色彩主要有黄、红以及红紫。冷色调会给人带来一种宁静的感觉，这种色调的色彩主要有蓝色。如同褒义词、贬义词和中性词一样，色彩除了暖色调、冷色调外，还有中性色彩，这类色彩主要有黄绿、绿和紫等。对于中性色彩而言，并没有强烈的感受，主要体现了中庸的感觉或性格。

与此同时，明度比较高的色彩会给人一种活泼、坦率的感觉，那些明度比较低的色彩则让人觉得更加神秘、深沉，那些彩度比较强的色彩会给人一种奢华、炫耀的感觉，而相反的，彩度比较弱的色彩则让人觉得更加朴实、含蓄。

在室内进行色彩设计时，应该充分考虑以上因素，并结合人们对色彩的实际需要，选择恰当的色彩。室内的色彩是不同的人对色彩的追求和偏重的结果，这种色彩的设置不仅反映出个人或群体的色彩，也反映出家庭的整体性格或者对色彩的喜好。从室内色彩的装饰，可以看出一个群体的性格特点，进而分析出性格的积极性或消极性。另外，设计者可以借助色彩带给人的不同效果，利用不同的色彩，突出不同的人物性格，并且利用不同的色彩给人带来积极的氛围，尽量使每个团体中的人能够在积极健康的环境中生活、学习和工作。

此外，色彩还具有热塑性。利用这一独特的特点，可以矫正人们在性格上的错误倾向。这样以便于使人们意识到自己性格方面的问题，进而促进人们性格的全面发展。这里需要强调的一点是，色彩并不是绝对性和必然性的，在进行色彩设计时，不仅要考虑人的观念、年龄、性别、职业等各种要素，还需要紧跟时代的步伐，与时俱进，并且根据地区的特征或者个人的喜好等因素，只有这样，才能全面地把握人物的性格，通过色彩的设计来反映人物真正的性格，并使得色彩能够带给人们积极乐观的效果。

通常情况下，室内的曝光太强或太暗都是不提倡的，对人也是不好的。因此，在室内设计色彩时应该注意，室内的曝光应该适中。如果过强，可以利用反射率比较低的色彩进行一定的调整和平衡，使得室内曝光不至于太强，从而缓和强光对人视觉和内心强烈的刺激。如果过暗，也应该将色彩进行一定的调整，这时利用的也是反射率，从而使得室内的光线效果达到适中的程度，给人带来舒适的感觉。

2.色彩和空间调整

在室内设计中，色彩能够对体积、面积起到一定的调整作用，这主要是因为色彩本身具有的性质，以及色彩能够给人一种错觉。比如说，当我们觉得室内空间太大或者太小，或者是觉得室内空间过高、过矮的时候，我们可以对色彩进行有效、恰当的应用，使空间效果得到一定的调整改变。按照色彩的特性，我们可以发现，具有这几个特点的色彩都是具有一定的前进性：明度方面比较高的，彩度表现比较强的，色相比较暖的。与之正好相反，具有后退性的色彩一般表现为明度比较低、彩度相对较弱、色相偏冷。

针对室内空间的大小，也可以选择不同的色彩。室内的空间有大有小，空间比较大的室内环境给人的感觉比较松散、零落、空旷，缺乏一定的温暖性，针对这样的室内环境，可以将室内的墙面进行一定的色彩处理，主要采用的是前进性的色彩，这样就避免了空间的广阔给人带来的一种不安全感，使得室内环境比较紧凑，给人带来温暖的气氛。相反地，对于空间比较小的室内环境，由于空间的限制，给人的感觉就是比较狭窄，没有空间感，这时也可以利用不同的色彩处理室内的墙面，主要可以采用后退性的色彩，这样就会营造出一种宽敞、明亮的室内环境，给人带来视觉和心理的双重享受。

需要指出的是，色彩还可以按照不同的膨胀和收缩性质进行一定的分类。这样就可以将色彩分为两种类型：膨胀性的色彩与收缩性的色彩。膨胀性的色彩大多都是暖色调的，具有较高的明度以及较强的彩度。同样地，收缩性的色彩大多都是冷色调的，具有较低的明度以及较低的彩度。

此外，还需要强调一下色彩的重量感。这里主要针对明度与彩度进行一定的分析。从原则上来说，在生理感方面，明度是具有决定性作用的。明度较大的，在色彩表现上则显得比较轻；而明度比较小的，在色彩表现方面则比较重。明度、彩度都表现得比较高的，在色彩方面则表现得比较轻；而明度、彩度都比较低的，在色彩方面的表现则比较重。在明度、彩度相同的情况下，色相较暖的，色彩表现较轻；而色相比较冷的，色彩表现则比较重。一般来讲，色彩表现比较重的，会给人一种下沉的感觉，而色彩表现得比较轻的，就会让人有一种上浮的感觉。

3.色彩和配合

色彩具有暖色调和冷色调的区分。可以说，色彩与活动中的氛围和情绪都息息相关，有着直接的关系。

众所周知，暖色调的色彩能够提高人们的兴奋度，提高人们对活动的参与度；具有较高明度的色彩，给人一种开朗的、愉悦的心情，能激发人们参与活动的热情；彩度比较高的色彩会给人以强烈的效果，对人具有一定的刺激性。积极向上的而富有较高感情的色彩，不仅能够调动人们参加活动的积极性和热情，对于要求娱乐性很高的活动而言，更是能够增加人们的兴趣和热情，使得人们积极投入到活动当中，发挥自己的力量。但是，对于一些需要长时间静态的活动，这种积极的色彩就不太适合，也不能调动人们的积极性，因此，尽量不使用。

另外，就冷色调的色彩相比于暖色调的色彩而言，也有自身独特的优势。冷色最为显著的作用就是镇定。较低明度的色彩能够使人情绪得到安定；而较低彩度的色彩能够给人以沉静的作用。冷色、较低明度和彩度的色彩，都属于消极但镇定的彩色，它与上述积极的色彩是相对的，主要适合于长时间静态活动或休息的人们，这样能够使静态活动或休闲中的人们保持镇定，但是不适合一些动态的活动。

另外，就单纯和对比性比较大的色彩而言。单纯的色彩一般都是温柔的，在进行一些静态活动或者一些隐蔽性的活动时，就可以利用这一色彩。对于一些对比性比较明显的色彩，主要表现比较强烈，一般群体性的活动需要这样强烈的色彩，因此在动态性或者群体性的活动中，一般都会采用对比比较鲜明的色彩。

4.色彩和气候适应

在温度感觉的调节方面，色彩也是有一定的效能的，因此，在季节变换或者是在不同的地域，为了应对不同气候的需要，我们可以对室内色彩的设置进行调整。但是，环境毕竟是自然因素，因此其气候条件并不是一成不变的，没有哪个室内环境的设计是能够随时随地地对色彩进行改变以适应实际气候条件的。

大量的实际应用表明，在比较寒冷的地区，使用冷色调的色彩是不大合适的。因为寒冷的地区本来就比较冷，如果再进行一些冷色调的装饰，就会给人更冷的感觉。为了综合地区的环境和温度，因此，在室内布置时应该以暖色调为主，其彩度要求也要偏高，这时明度就不要求那么高了，需要偏低一些。相反地，如果是温暖地区，也不适合采用暖色调，这样就会形成双重的暖调效果。这时需要在室内设置一些冷色调的色彩，彩度这时也随着减低，相应地，明度就偏高。另外，根据室内的具体要求，可以将室内装饰成中性色的色彩，这种中性色彩主要用于背景色彩的处理。

（二）色彩设计

1.色彩结构

软装环境是一个整体，整体的组成自然会由很多部分构成。这些部分与部分之间并不是单独存在的，而是相互联系、共同作用的结果。同样地，对于色彩也有不同的结构，结构与结构之间也是相互联系的,虽然小部分看似独立的个体,但实际上是一个和谐的、统一的整体。这里主要从色彩的结构进行分析,可以将软装环境的色彩分为三个不同的结构,即背景色彩、主体色彩以及强调色彩。

软装环境色彩三个结构之间的关系,并不是一成不变的。在三种结构中,具体应用哪种色彩都是根据实际的需要,并不是凭空想象的结果。在应用色彩的这三种结构前,应该了解和掌握这三种色彩结构的区别和联系,在应用时选择合适的色彩结构,使其发挥最大的作用,使得色彩产生灵活的、逼真的视觉效果。

站在色彩材料的立场上,按照其用途的不同,我们可以把色彩分为以下几类:其一,以单纯的自然材料的色彩为主;其二,以单纯的人工材料的色彩为主;其三,将人工材料和自然的色彩综合到一起进行应用。一般来讲,第一种以自然材料为主的色彩,在变化方面,通常表现得没有什么规律,人们一般也觉得这类色彩比较淡雅;在视觉方面,没有那些比较鲜艳的色彩给人带来的冲击力和视觉效果那么强烈。因此,我们在进行软装装饰时,如果选择使用的色彩是以自然材料为主的,那么设计者在进行设计搭配时,就要对物质进行一定的把握,在色彩效果方面要尽力追求含蓄厚实;与之相反,如果我们在对环境进行装饰时,选择的色彩是以人工材料为主的话,尽管可能存在一定的局限,但这类色彩可以选择的种类很多,不管是明度还是彩度、色相方面,都有很多选择,我们可以按照实际情况的需求,按照具体的色调需要,对色彩进行选择应用,这样能够使色彩最大程度地发挥其作用。但是,这种以人工材料为主的色彩在效果方面也有一定的局限性,就是给人的感觉有些略显浮浅单薄,不像自然材料那样在色泽方面表现得比较沉着厚重。

在实际应用中,大部分的软装环境中,都是使用综合材料来对色彩进行表示的,这种应用对于上述两种运用方式的优缺点进行了中和,取二者之长,弃二者之短。但在进行综合运用时,对于材质问题一定要进行和谐的处理,以免因为材料的问题导致色彩搭配不良的情况出现。

2.色彩计划

(1)单色相计划。这里所说的单色相计划,主要指的是,在进行色相的选择时,要以进行软装的环境的实际需求和综合特点为依据,力求选择合适的色相,使整个的色彩效果达成统一,与此同时,对于明度和彩度方面的变化,我们也要进行充分的利用,使其在统一之中,又能产生微妙的节奏变化。如果有必要的话,在其中我们还可以配合加入五彩

（即青、黄、赤、白、黑）以调节色调效果：通过加白让整体的色调更加明快，通过加灰让整个色调变得更加柔和一些，而通过加黑，则能够让色调显得更有深度。

对于单色相的色彩计划，具有自身独特的特点。由于是单色调，固然是单纯且具有特殊性的色彩，在这种色彩计划中具有鲜明的色彩。对于色彩的单色相计划，在实际的运用中，应该认真把握色彩的基本色调，避免在色彩的选择和布置上呈现出单调、令人沉闷的感觉。在实际的应用中，这种单色相计划不适合动态性或群体性的活动中，只适合于一些小型的静态的活动和环境中。

（2）类似色彩计划。什么是类似色彩计划，就是指以软装环境的综合需要为标准，对恰当的一组类似色彩进行选择，通过对其明度和彩度的灵活运用以及相互配合，让软装环境在达到统一的前提下，在色彩效果上表现得更加具有变化性。

（3）对比色彩计划。其一，补色计划。补色计划是对比色彩计划中常用的计划之一。这个计划主要是根据实际的软装环境需要，利用色彩形成的强烈的对比，来选择一对具有一定补色作用的色彩，形成色彩鲜明的对比。在补色计划中，主要依据的是明度、彩度的对比与调节以及色彩的面积，根据软装环境实际的需要，来进行合适的调整，最终给予人和谐、舒适的感觉。需要强调的一点是，补色中的色彩由于色彩对比十分明显，为了对其进行一定的过渡，可以适当加入无彩度，这样就可以使一些强烈的对比色彩进行一定的分离。在这一过程中，主要利用的是无彩度的过渡作用，而达到统一的效果。其二，双重补色计划。双重补色计划，也是根据实际的需要，主要采用的是色环直接相邻的两组补色，使得环境达到预期的效果。这一双重补色计划中，主要运用的是补色的对比度，这种对比是复杂的，同时还具有统一的作用，这种复杂和统一结合在一起，再加上调节色彩的明度和彩度以及色彩面积，就可以通过两种补色的色彩得到双重的具有对比性的和谐效果。这里也需要强调一点，在补色计划中，由于补色的鲜明对比也可以加入无彩度，使得效果形成得更加统一与和谐。

除以上所述的基本色彩计划外，在实际上尚有许多其他方法可以应用。

此外，美国还有模仿名画、纺织物、地毯和壁纸等色彩装饰方法。这些方法从原则上来讲，没有太多的原则进行限制；从简易程度上来讲，容易实施，操作简单方便；从理论上来讲，并没有枯燥、乏味的理论加以限制。由此可见，这些基本的方法可以在软装色彩设计中使用。

总而言之，不同的人对软装环境的色彩选择是不一样的，不同的空间、面积及装饰物等，都会影响色彩的设计与选择。并且装饰色彩并不是一成不变的，单一的或者固定的模式是不能适应不断变化的色彩的。在对色彩设计时，选择一些固定不变的模式或者方法，可能不会出现太多的错误，实际的效果也比较固定，但是不能按部就班，毫无新意，应该在色彩设计时，根据的实际需要及自身的知识和经验，灵活地选择适合的色彩，使得装饰的色彩更加符合人们的审美需要，达到最佳的视觉效果。

二、软装的色彩设计

（一）软装设计的色彩调和

（1）传统色彩调和研究在软装设计中的应用。研究色彩不可避免地要谈到色彩调和问题，环境艺术设计中色彩的调和有很多办法，经常所说的有"相邻色调和""同一色系调和""明度调和""色调调和"等。对于空间环境，如果辅助于材料与灯光应用，视觉的色彩效果会温和协调。

（2）软装色彩设计的面积调和及其应用。在进行软装的色彩设计时，不仅要注意色彩的空间环境，还要注意面积的调和。另外，空间的大小以及色彩的面积，也是决定空间色彩材料的一个重要因素。在实际的应用中，应根据空间的大小以及空间的特殊性来选择色彩的面积调和。色彩的设计面积是软装设计中的不可忽略的因素，在此过程中，还应该综合色彩的明度、彩度以及面积，重视色彩之间的层次与秩序排列，把色彩的节奏控制好。

（3）软装色彩设计的空间特性及其调和。色彩是一个全面的概念，在空间中并不是以平面的形式存在的，因此具有空间特性。在不同的时间段、空间氛围以及不同强度的光线下，色彩是千变万化的。另外，空间具有一定的功能性，还具有可识别性的特点。空间的功能特性与色彩的设计息息相关，甚至起着决定性的作用。需要指出的是，对色彩进行调和主要是为了对色彩的功能进行一定的限定。

（4）软装色彩设计与风格的调和。在造型设计上，环境空间的风格中色彩是具有决定性意义的因素，建筑装饰色彩受材料、地域文化、审美等因素制约，对于软装艺术色彩的分析可以使人们更清楚地理解色彩风格的变迁规律。

色彩的变化一般是可以从不同的角度上去进行解读的。因为不同的民族、不同的国家，由于其地理位置的不同，那么其整体的环境设计的风格就会不同，这些环境设计的风格可以将其大体分为几类，即中国古典式、日本和式、北欧式等；但是如果站在不同的艺术发展史的角度来看的话，就可以将环境设计的风格分为存在古典式、哥特式、简约式等。在面对不同风格的环境空间的时候，其色彩的布局就会体现其典型性特征。这种色彩的特征往往具备很浓郁的民族、文化、地域、气候等特色。譬如说，法国古典风格的环境空间，其古典的风格是受到法国传统文化的影响，具有华丽、宁静、优雅等特征，并且会表现出古典沉稳的色彩搭配特征。但是对于日本和式风格的色彩，其基调一般是采用自然素材本身所具有的色彩，并且以柔和色调为主。

（二）软装色彩的配色应用

（1）单色组合。单色搭配最原始，单色搭配好了可以展现出非凡的震撼效果。所谓的单色组合，就是选取一个自身喜欢的颜色，譬如说，选取红色作为一个单色，然后再选择其他几个基于红色的"增白版红色"或"晒黑版红色"，将它们组合起来就是单色搭配，接下来就是将这些颜色运用到空间里去。如果说想在这个空间里面出现平衡的现象的话，那么就必须出现冷色和暖色，这两个颜色一中和就会出现平衡。

（2）相邻配色。除了单色配色以外，还可以采用相邻的颜色进行搭配，也就是说将两个相邻的色块组合起来做搭配，就像这里的蓝色和绿色。有公式化的做法：选3个相邻色块，以6：3：1的比例分配到这3个色块上，6为主色，3为辅助色，1为点缀色。比较流行的相邻色配色是蓝色和绿色，可以分配给它们6份和3份的比例，然后选择任何一边的第三个色块为点缀色即可。

（3）对比配色。所谓异性相吸，在色环上也是如此，选择彼此面对面的两个色块，组合在一起就是对比配色。但是在这一过程中，需要注意的是比例问题，要刻意选择一个颜色的比例大于另一个，或者让这2个色块以点缀色的角色出现在一个柔和的单色搭配中。

（4）三等分配色。就像中学里学几何那样，将色环一分为三，取任意3个等分色块为组合，按照6：3：1的比例分配。要注意的是，一定要用柔和版的色块，否则空间会很刺眼。

| 第三章 |
实用软装设计风格

第一节　软装设计新中式风格

一、新中式风格的软装饰概述

新中式风格是指在中式风格的基础上，融入现代时尚的元素，以现代表现手法演绎中国优秀传统文化的一种设计风格。新中式风格并不是对中国传统文化的随意堆砌，而是提炼出中国传统文化的精髓，并且运用于现代室内空间中，从而对优秀的中国传统文化进行传承和发展。新中式风格主要包含两个方面的内容：一是中国传统文化在当代时代背景下的演绎；二是对中国当代文化充分理解下的当代设计。

（一）新中式风格的室内软装类别

室内软装饰指的是在室内空间完成基本的装修后，运用那些便于移动、易于更换的布艺、家具、陈设品等，对空间进行二次设计和风格塑造。新中式风格的室内软装饰主要分为以下五个类别。

1.新中式风格的布艺

新中式风格的布艺产品包括了窗帘、床品、地毯、抱枕等，从图案上来看，以中国传统纹样为主，结合了现代表现技法。中国传统纹样是中国人民在改造世界的实践过程中创造的精神财富，是中国传统文化的一种载体，也是人类不断完善生命力的自由表现。中国传统纹样具有历史悠久、形式多样、图意相生等特点，流传至今的中国传统纹样如水波纹、龟裂纹、回形纹、云纹等都广泛运用于室内软装饰。中国传统纹样还具有象征性意义，如牡丹纹样象征着富贵；鱼纹象征着吉祥；云纹有福寿之意等。

图3-1　新中式抱枕

如图3-1所示，新中式风格的抱枕图案即是采取中国传统纹样，从材质上来看，以朴素自然的棉麻和柔软轻薄的丝绸为主。棉麻是中国历史文化的沉淀，是复古与时尚的碰撞，体现着一种自由旷达的"布衣精神"，是中国人稳重内敛的气质体现。丝绸以其卓越的品质、精美的花色闻名于世，是中国文化的一大瑰宝，具有浓厚的中国气息。从工艺上来看，新中式风格的布艺主要以印染、织花以及绣花为主。其中，绣花布艺具有色牢度强、纹路鲜明、立体感强等特点，比较昂贵。新中式风格的布艺可以加强室内空间风格的塑造，满足人们对传统文化的追求。

2.新中式风格的家具

新中式家具继承了明清时期家具的设计理念，取其精华、去其糟粕，在原有的基础上进行简化、创新，注入时代气息，注重品质感和现代感。明清时期的家具质地朴素、工艺精湛，以简洁流畅的线条来展现浑厚的文化底蕴，以对称均等的框架为整体结构。从结构上来看，新中式家具常用中国传统建筑中的榫卯结构，凸出来的榫头和凹进去的卯眼相互咬合，便能将木质材料结合在一起。在中国古代发展史上，从奢华的宫殿建筑到轻巧的普通民居以及寺庙道观，从床榻到案几，都离不开传统榫卯这一文化技术。

图3-2　新中式边柜

图3-2所示的新中式风格的边柜就是以中国传统榫卯结构为构架。从造型上来看，新中式家具以对称、均衡的原则为基础，沿袭了明清时期的家具的造型特征，如当今时代的新中式风格的椅子，大多根据明清时期的太师椅、圈椅、官帽椅等稍做改良。从材质上来看，多以实木家具为主，常用的实木有松木、橡木、水曲柳、核桃木等，或是将实木与现代材料相结合，如金属、玻璃、塑料等。既能体现中式家具的沉稳端庄，又能紧跟时代步伐，注入鲜活的力量。新中式家具是传统的中式风格与现代的西方风格激烈碰撞，巧妙糅合的自然产物，它既演绎了明清时期的家具的经典内涵，又运用了现代时尚的工艺设计，给沉闷内敛的传统家具注入了一股新鲜的活力，新中式家具既紧跟时代的潮流，又不盲目追随潮流，在现代风格的基础上蕴含中国传统家具的文化内涵。

3.新中式风格的灯具

在新中式风格的室内空间中，光影是渲染气氛、营造意境的最佳手段，而灯具作为光影的载体，显得格外重要。新中式风格的灯具，在造型上具有古朴韵味，能够打造出美轮美奂的光晕感，烘托出室内空间的氛围。

新中式风格的灯具包括了吊灯、台灯、落地灯、壁灯等，色彩上多以黑白色调为主，造型上简约大气，结构上多以直线条为主。通常新中式风格的落地灯以铁艺为支架，以布艺作为灯罩，上端有着独特的造型，通过简单的有机组合，运用现代工艺及材质，尽显优雅独特的东方韵味。

4.新中式风格的陈设品

新中式风格的陈设品可以分为功能性陈设品与装饰性陈设品等。功能性陈设品主要以实用功能为主，如书房中的文房四宝、橱柜中的酒杯等。装饰性陈设品是指以摆设、观赏、装饰性为目的的陈设品，包括工艺品如陶瓷、石器、玉器、刺绣等，艺术品如字画、装饰画、壁挂、摄影作品等，以及一些个人的收藏品、纪念品等。

新中式风格的陈设品具有浓郁的艺术性和强烈的装饰效果，不仅可以陶冶情操，还能表现居住者的审美层次、兴趣爱好、文化品位等。陈设品不仅具有美化空间的作用，更有中国传统文化的内涵，包含着极其丰富的理想、愿望和情感，通过陈设品的设计，可以展现其文化内涵和特点。

5.新中式风格的绿化

从古至今，人们一直热爱大自然的景色，将绿化融入室内空间中是装饰室内空间必不可少的方法，在中国优秀的传统文化中，歌颂、赞美植物花卉的诗句、绘画等作品不计其数。新中式风格的室内空间可以通过植物、花卉、盆景等材料，运用现代设计方法，创造出富有自然气息的室内空间环境，协调处理好人、空间、环境之间的关系，满足人们生理和心理的需求。

绿化装饰能够调节室内的温度和湿度，降低噪声，植物可以吸收人们呼出的二氧化碳，增加空间中的氧气含量，从而有利于人们的身体健康。如常见的绿萝有极强的空气净化功能，能够吸收空气中的苯、甲醛等，有绿色净化器的美名，适合摆放在新装修的居室中。再如"花中四君子"中的兰花，代表着淡雅、幽静，是中国自古以来常见的植物，将其摆放在室内空间中，不仅可以净化空气，还能渲染新中式风格的空间氛围，缓解人们工作、生活上的压力，陶冶情操。新中式风格的室内空间线条多笔直硬朗，色彩不宜过于花哨，以中国传统五色体系为主，而植物、花卉的形态各异，色彩缤纷，恰好能够打破新中式风格室内空间的冷漠感，柔化空间环境、丰富空间色彩。

（二）新中式风格的装饰作用

1.丰富空间层次感

在完成基本的硬装修之后，室内空间显得空旷、直白，软装饰能够分隔空间，使空间得到合理的利用。在新中式风格的室内空间中，可以运用博古架、隔断、屏风等对空间进行划分，如在书房中放置一个博古架，既可以用来摆放书籍、装饰品，还能丰富书房空间的层次，使空间更加饱满。屏风是中国传统文化中一束盛开不败的花朵，从古至今，都被运用于室内空间中，有着自身的功能性，还有很高的艺术审美性。古人喜欢在屏风上写上名言警句或者励志故事，从而传承中国精神。屏风在空间中起到了遮挡的作用，既丰富了空间层次，又以其独特的装饰性营造了新中式风格的空间氛围。

2.塑造独特的空间风格

新中式风格的软装饰在营造新中式空间风格的过程中扮演着必不可少的角色，新中式风格的软装饰本身有着独特的艺术性和文化性，具有一定的风格倾向，对其进行合理的选择和摆放，有助于新中式空间风格的形成。

图3-3　新中式空间

图3-3所示回形纹是中国传统纹样中的经典纹样之一，以连续的"回"字形线条构成，空间中的布艺方凳和布艺椅子运用了回形纹的纹样，使物品本身具有新中式风格的象征性意义，从而带动空间的风格特征。另外，深棕色隔断造型的边柜、原木色的案几、对称式摆放的台灯、花卉图案的窗帘等软装饰元素也对空间的风格形成起到一定的作用。

3.美化空间环境

新中式风格的软装饰元素在满足其功能性的同时，以独特的造型、材质等美化了空间环境，柜上的手绘花鸟图案，给空间带来了不一样的视觉体验。

图3-4 新中式空间

图3-4所示边柜上的手绘花鸟图案，画工精细，将花鸟图案刻画得惟妙惟肖，金色的线条托出边柜的造型，色彩以黑色和金色为主，显得沉稳、高雅。在材质上沿袭了明式家具金属饰件的装饰手法，将金属饰件与家具结合起来，金属材质的美与木质的美结合起来，使平凡的家具大放异彩；方凳的造型不同于一般的圆凳，沿袭了中式元素中"孔方兄"的造型特征，结合现代"铆钉"材料的运用，色彩上以金色为主，与边柜相呼应；抱枕的图案、色彩、款式各不相同，不同面料之间的拼接、提花边的运用，柔化了空间环境，起到了画龙点睛的作用。另外，床、沙发等家具自身存在的装饰性特征，也丰富了空间内容。

二、新中式风格的室内装饰设计方法研究

（一）新中式风格的室内装饰设计原则

1.美观与实用相结合的原则

新中式风格的软装饰，如新中式家具主要沿袭了明式家具的特征，既是人们生活的实用品，又是具有欣赏价值的艺术品，能够表现出设计者的思想和气质，体现时代特征和人文气息，富有特殊的文化内涵。明式家具在比例尺度上符合现代设计中的人体工程学原理，是一种集艺术性、科学性、实用性于一体的传统工艺品。

图3-5　新中式椅子

图3-5所示新中式风格的椅子沿袭了明代家具中太师椅的结构，造型简约大方、线条流畅、色泽柔润、纹理清晰，同时简练的雕刻及椅面之下的壶门券口，这些都沿袭了明式家具典型的结构特征。椅子在坚持美观性的同时又满足了功能性的需求，椅子的靠背处、托颈处及扶手处的设计能够给人带来舒适的体验。

2.传统与时尚相结合的原则

新中式风格的软装饰设计，对于设计者而言，需要加强对传统文化知识的了解，通过深厚的传统文化理论基础的支撑才能提炼出传统文化的精髓，在传统文化方面，加强对人文、历史、地理、绘画、建筑等知识的研究，同时通过对流行趋势和流行色的敏锐把握，及时汲取瞬息万变的流行元素，结合现代设计手法，将传统文化思想和现代时尚元素进行有机结合。

如图3-5所示，空间布局采用以装饰画为中心，左右对称的摆放方式，突出了新中式风格沉稳的特征。空间中的椅子沿袭了明代家具中圈椅的造型，具有中式传统韵味，同时又结合了现代木质材料，集功能性和审美性于一体。墙上的装饰画符合现代人审美的时尚感。而装饰画色调与深棕色的圈椅形成鲜明的对比，一深一浅、一静一动，将中式传统韵味和现代时尚气息有效结合，表现得淋漓尽致。

（二）新中式风格的室内装饰设计方法

1.配套设计方法

新中式风格的软装饰设计方法配套设计法在室内空间中，采取一系列的手段，营造一个整体配套的氛围，可以通过主题配套、色彩配套、图案配套及材质配套等表现手法去营造。

（1）主题配套法。主题是指作者对现实的观察、体验、分析、研究以及对材料的处理、提炼而得出的思想结晶。它既包括所反映的现实生活本身所蕴含的客观意义，又集中体现了作者对客观事物的主观认识、理解和评价。主题配套，即确定一个设计主题，围绕这个主题展开，提炼出相关的元素，通过一系列的选取、搭配、组合等方法，运用于整体配套空间中去。

图3-6　"青花瓷"主题配套法

如图3-6所示，空间以"青花瓷"元素为主题，青花瓷以洁白无瑕的胎体、晶莹透亮的釉色、优雅明艳的青花、华丽多变的纹饰造就了精美瑰丽的艺术品，它有着十分悠久的发展历史、独特而又复杂的工艺，在中国陶瓷史上占据了重要的位置。青花瓷图案作为中国传统图案的代表之一，蕴含了其独有的艺术价值和民族特征，广泛运用于各个艺术领域。图中床后面的背景墙十分引人注目，从图案上来看，中间部分的图案如同一个青花瓷花瓶的造型，无论是写实的花鸟纹样还是四周装饰性的螺旋纹样，均属于中式传统纹样。螺旋纹还常用于陶瓷器。底纹部分则是由缠枝花卉以及回形纹样经过变形后组成，同样也属于中式传统纹样。床上摆放的枕头、靠垫、床旗以及床前沙发上摆放的靠垫等，从图案和色彩上来看也是围绕着青花瓷的主题，从款式上来看，一些靠垫还运用了盘扣、吊穗等中国传统元素。另外，图中配套的窗帘、床头柜上的台灯等，使空间中新中式的氛围更加浓郁，使空间显得更加饱满、完整。运用主题配套的设计方法，能够赋予作品独特的设计思想，更具文化内涵。

（2）色彩配套法。色彩是指人们通过眼、脑产生的一种对光的视觉效应，色彩在室内设计中有着非常重要的作用，可以说色彩是设计的灵魂所在。色彩配套，即在空间搭配的过程中，将色彩作为主要的研究对象，用色彩来营造空间环境。

在新中式风格的室内空间中，为了营造一个稳重、富有内涵的环境，可以采取同类色配套的方法，中国红是中国传统色彩中最具代表性的色彩之一，红色文化渗透到人们生活的各个方面，并逐渐演变成中国的深刻烙印。十里红妆、朱漆大门、故宫红墙、大红灯笼等，中国红在中国人的世界里一直存在着。一看到中国红，就能给人带来一种热情、喜悦、胜利的心理感受。

图3-7　同类色色彩配套法

图3-7所示是一个新中式风格的客厅，在中国传统色彩中国红的基础上稍做改变，以暗红色来作为整个空间的主色调，使整个空间显得更加沉稳，也更加接近现代人的审美情趣。在设计的过程中，暗红色的运用十分合理巧妙。如图中的三人座沙发，沙发的靠背处、坐垫处是白色的，只有在扶手处以及底部中才局部运用了暗红色。旁边的单人沙发也是如此，大部分面积是白色，只有在边缘处用暗红色的面料出了一条滚绳，这样不仅使整个沙发显得精致、高档，而且也巧妙地运用了暗红色，使它融入于整个空间。沙发上的靠垫也运用了同样的手法，在靠垫的边缘处以及局部用暗红色来做拼接或者装饰。而左侧窗帘的帘头部分、右侧圆桌上的桌布以及远处的台灯，则是较大面积地使用暗红色，但是从整个空间上来看，这些部分仍然只占据了较小的面积。这就是运用了新中式风格中的留白的手法，使之具有一种独特的境界，体现了清雅含蕴、端庄丰华的东方式精神，恰到好处地使用留白的手法，能够给空间带来独特的韵味，给人以美的享受。

室内环境中色彩的统一和色彩的对比缺一不可，缺乏色彩对比的统一往往显得过于朴素、沉闷。因此，也可以采取对比色配套的方法。同类色配套方法能够展示一个空间的稳重，对比色配套方法能够使空间显得更加跳跃、活泼、充满新意。

图3-8　对比色色彩配套法

图3-8所示是一个新中式风格的空间，大胆运用玫红色、蓝色、绿色等色彩。从沙发的颜色和靠垫的颜色中可以看出，这个空间的主色调是玫红色，用玫红色来作为这个新中式风格的空间的主色调，特别且靓丽的色彩能够吸引人们的眼球。地上蓝色的装饰品、圆凳以及沙发上蓝色的靠垫，作为玫红色的对比色，提高了空间的色彩对比。绿色和橙色作为点缀点，局部地运用于靠垫以及花边上，丰富了空间的色调。空间中的色彩比较多，但不是凌乱无规则地随意摆放，在搭配设计的过程中，色彩之间相互呼应、融合于同一个空间中，和谐又不失时尚感。这种对比色配套设计方法，不仅能够加强空间的装饰效果，还能给人带来独特的精神体验。

（3）图案配套法。图案是指有装饰意味的花纹或图形，图案运用的范围非常广泛，在各个领域中都占据重要的位置。在软装饰中如家具、灯具、布艺、装饰品等，都离不开图案。在中国传统纹样中，花鸟始终是一个独具特色、不易过时的题材之一，常见于服装、瓷器、书画等各个方面，花鸟图案不仅具有很好的装饰效果，还多有一些美好的寓意。新中式风格的图案将中国传统纹样加以提炼和加工，采取在图案上加以变形，色彩上结合当今时代的流行色等方式。

（4）材质配套法。材质是指物体的质地，是材料与质感的结合。软装饰元素中的材料有很多，比如常有的布艺窗帘的面料，有棉麻、涤纶、真丝等。材质不同，其各方面的性能以及价格也不同，不同的材质具有不用的功能。

图3-9　材质配套法

图3-9所示空间以棉麻和木质材料为主。在布艺产品中，窗帘布、沙发布以及抱枕都选用了棉麻材质的面料。棉麻是一种很朴素、自然的材料，它符合新中式风格文化内涵的精神品质，使整个空间显得沉稳，充满独特的格调。此外，这个空间的硬装以及家具都是采用木质的材料。比如墙面上的护墙板以及墙面上的装饰性线条用的是水曲柳的木材，空间内的所有家具如沙发的框架、茶几、屏风、边柜、桌子以及墙上的装饰画的框架等都是用木质的材料。中式家具较多采用木质材料，而新中式家具沿袭了中式风格的材料，将木材与现代材料相结合，符合现代人的审美要求。新中式的立柜简约之中凝聚古典气韵，选取最具代表性的色彩，如中国红、白色、黑色等，兼具装饰性和实用性。其经典的造型，以中国的传统门锁为灵感，外形上稍做改变，十分灵活。通过材质的配套，使其更富有文化底蕴。

2.因需而动设计方法

不同的空间用途，需要采取不同的方法。因此，打造新中式风格的卧室、书房、客厅以及餐厅等，也会采取不一样的手段。

（1）卧室。卧室是供人睡觉、休息的场所，卧室的设计能够影响到人们的生活。卧室的设计首先要注重实用性，其次才是装饰性。在卧室的软装饰元素中，家具和布艺占据了大部分的位置。布艺包含了窗帘、床品、抱枕及地毯等，布艺软装饰的增加，能够丰富空间内容、增强空间装饰效果。因此，布艺的设计在卧室中非常重要。在新中式风格的卧室中，所有的软装饰元素首先应符合属于新中式风格的基本要求，具备新中式风格特有的元素。

（2）书房。书房是一个静心品书、修身养性的独立空间。无论读书还是思考，它都是一个陶冶人们心灵的绝佳处所。一个茶香墨韵的新中式书房在表现了其自身的功能与形式外，通常也能体现主人公的身份和品味，常常在庄重典雅的氛围中流露出深厚的文化底蕴，给人一种涉足探步的冲动和欲望。

新中式风格的家具是现代风格和传统魅力的结合体，新中式风格的椅子材质以木质为主，造型上以传统的太师椅和交椅为基础，并稍做改良。案几、椅子以及吊灯都是属于新中式风格的家具以及灯具，可以营造整个空间氛围。图中的蓝色隔断，采用了漏景的方式，既丰富了空间层次，又不挡其他空间的画面，使空间环境更加丰富并且完整。

图3-10 新中式客厅

图3-10所示是一个新中式风格的客厅。从客厅的布局上来看，不管是窗帘布艺，还是家具的摆放，都是遵循新中式风格中左右对称的原则。客厅中的地毯图案是中国传统纹样——回形纹图案，新中式风格的地毯则是中国传统纹样在现代生活的演变和应用，具有新中式风格的文化内涵。由于这个客厅的空间很大，因此在边柜、茶几以及方几上都摆放了新中式风格的陈设品和花艺来作为装饰，使空间显得更加饱满并具有设计感。图中灯具选用了以鸟笼为原型的吊灯，更具装饰效果和风格倾向。在这个新中式风格的客厅中，其格调典雅质朴，色彩稳重成熟，布局阴阳协调，韵味浓烈悠长，充分体现了中国传统美学的精神，散发出亦古亦今的层次之美。

（4）餐厅。餐厅作为供人用餐、休闲的场所，餐厅设计应该营造出一个舒适的就餐环境。除了必要的家具如餐桌以及餐椅之外，灯具、陈设品以及花艺也能给餐厅带来独特的氛围。

3.因人而异设计方法

人是设计的主体对象，以人为本是设计最基本的原则。每个人身处的环境不同，所接受的教育不同，生活的品位和方式也不同。在软装饰设计的过程中，首先要考虑消费人群的喜好和感受。新中式风格是中式风格在当今时代的演绎，受到了当代人的喜爱和追捧。当然，在这些人群中包含了一些年轻、时尚的人群，也包含了一些偏爱中国传统文化的人群。对待不同的人群，采取不同的设计方法，做到因人而异。

（1）追求现代时尚的人群。在热爱新中式风格的群里中也有一部分比较年轻时尚的人，这些人通常追求简约时尚的生活品质。如图3-11的第一张图所示，这是一个以白色调为主，蓝色作为点缀色的新中式风格的局部空间。白色通常被认为是无色的，代表着纯洁、自然之意。在软装饰中，窗帘、地毯以及边柜选用了白色。从家具上来看，这个白色边柜的造型很简洁，抽屉的布局采用中式风格中对称的结构，以及抽屉上的装饰品采用中式大门上铜锁的造型，这些都是中式元素在新中式风格的家具中的运用。边柜上的摆件以黑白色调和淡蓝色调为主，十分的优雅自然。这些软装饰表达了新中式风格的意境，遵循了新中式风格淳朴的品质。

图3-11　新中式的时尚风与复古风

（2）偏爱中国传统文化的人群。在热爱新中式风格的人群中更多的是偏爱中国传统文化、具有怀旧情怀的人，面对这些人群，在设计中要加入更多的中式元素。如图3-11的第二张图所示，在这个新中式风格的室内空间中，墙面装饰采用雕花、镂空的工艺，如同中式家具中的窗帘。空间中的四出头官帽椅是明式家具中一种典型的椅子造型，四出头官帽椅是一种搭脑和扶手都探出头的椅子，它的造型又很像古代的帽子，所以称为四出头官帽椅。图中的椅子在结构上依托了四出头官帽椅的造型，在局部上还是做了一些修饰和改变。比如靠背的高度高于古时候的四出头官帽椅，这样更具形式感，造型也更加独特，而靠背上的花朵图案以及椅子的颜色更具现代感。图中的边柜从造型上和雕花装饰上都采用了中式风格的特征，金色的雕花装饰体现了新中式风格的"新"，不失现代感。在这个空间中的软装饰更具中式文化的特征，符合偏爱中国传统文化的人群。

第二节　软装设计欧式新古典风格

一、欧式新古典风格与软装的关系

（一）欧式新古典风格的渊源

新古典主义艺术最早产生于18世纪的欧洲，当时的欧洲正处于封建主义向资本主义过渡的关键时期，先进思想的产生，对保守体制的反抗，以及因各类科学、技术的发展而推动的国家经济的发展，使得越来越多的人开始不满于当下所处的社会制度。经济基础决定着上层建筑，新体制的萌芽到产生，伴随而来的也是新的思想指导下新的艺术形式的诞生，但是通常反传统的艺术形式的出现常常会被人议论，因此，回归传统的做法便更易让人们接受。"回归"和"反"是两个不同的概念，"回归"即含有借鉴、提取精华的含义，而"反"则更多地有彻底颠覆的意思，完全不按照其规律和形式来表现。使得古典主义艺术表现形式的"新古典主义"应运而生。思想启蒙运动、法国大革命和英国工业革命在一定程度上为新古典主义的产生奠定了思想、社会和经济基础，倡导理性、自由、平等、博爱，追求民主与权利，以及对于新的技术的追求，都体现在了新古典主义时期的艺术中。19世纪的欧美国家由于对巴洛克、洛可可等新兴艺术形式的泛滥表达不满，从而决定找出一条艺术的新的发展模式，而学习文艺复兴的回归传统的形式就成为他们的首选，古希腊、古罗马被视为正统的艺术得到普遍认同，被翻版而重新使用。新古典主义艺术致力于运用传统美学法则，运用现代材料或技术，产生出端庄、典雅、有高贵感的一种设计潮流，反映了怀旧情绪和传统情结，从历史中寻找灵感。新古典主义艺术不是仿古和复古，而是追求神似，它其实就是改良的古典主义，在保留传统历史痕迹和文化底蕴的同时，摒弃过于复杂的装饰，简化线条。

（二）欧式新古典的认知

新古典主义是在古典美学规范下，采用现代先进的工艺技术和新材质，重新诠释传统文化的精神内涵，具有端庄、雅致、明显的时代特征。古典与现代完美结合的新古典主义风格起源于古典时代，却不是仿古、复古，而是推崇神似。

新古典主义风格用简化手法、现代新材料和先进的工艺技术去探求传统的内涵，以庄重的装饰效果来增强历史文化底蕴。欧式新古典风格是一个内涵丰富的概念，涉及建筑、文学、绘画、雕塑、家居软装等多方面。如新古典风格绘画，将"理想美"作为基础去进行探讨，尊崇自然、追随理性、崇拜古风，将主题设置为严肃；更加强调完整性和统一性；提倡理性的思维，更加追崇素描风格。

又如新古典风格建筑，这种建筑体式大致分为抽象的和具象的两种形式。抽象的古典主义建筑以简化的方法，充分利用写意的手法将古典建筑的元素特点融入现代建筑中，从而将古典建筑中的典雅和当前现代建筑的简约相融合，从而实现最终的视觉效果。具象的古典主义建筑，建筑师根据自身的古典建筑认知和感受来进行设计，也就是说，尽管在设计中融入了古典设计的元素，但并不是照搬照抄，而是吸取其中精华，具有装饰性强，内容广泛等建筑特点。

为了能够突出室内空间的严肃的氛围，在室内中偶尔会使用黄色和褐色作为主要装饰颜色的家具。也就是用简单的线条和随意的装饰是来勾勒出欧式古典主义所强调的氛围，材料的选取上都较为现代化。而欧式新古典主义的软装在保留原有风格和谐、唯美的同时，也融入了其他时下的流行元素，形成全新的创意，充分考虑到现代人的审美观念。

在欧式新古典主义的软装中，油画、雕塑等进行修饰的现象十分常见，这些元素的融入可以更加增添空间的古典浪漫情怀，从而给人以其强烈的视觉冲突，华丽又不失去品味。在进行古典设计的过程中，装饰品上传统的繁复的图例、图样已经有所简化，因此，最终产生的视觉效果也十分的淡雅。与此同时，传统风格中十分常见的暗红色也被白色、古铜色等替换下来。在室内设计中，融入了一些较有年代感的复古摆件。绿化也是进行装修时不可缺少的一种修饰，在欧式新古典主义的设计中，将绿萝等植物进行良好的修饰和摆放，大大增添了空间内的典雅气息。

（三）欧式新古典风格与软装的关系

新古典主义的软装从整体到局部、从简单到繁复、精细的雕刻，充分在搭配上体现出良好的典雅气质。在装饰造型方面，新古典主义软装风格充分借助跳舞的线，形成了将弧线作为主导线条的体块，拼接形成不同的图案，营造出雍容淡雅的韵律感，在细节上反复推敲雕刻的线条则为人们提供了一种精细的感觉。不仅仅是裁切的尺寸精确，还有精细的雕刻，对雕工也十分的严苛。在突出浮雕般立体的质感的同时，追求优美的弧形及弧度。考虑到新古典主义风格的家具在进行装修过程中都是对称的，使用了十分具有韵律感的螺旋形曲线，力求在线条、比例设计上充分展现丰富的艺术气息。众所周知，新古典主义风格的软装更加注重颜色的搭配，如何搭配才能更加凸显出典雅，因此，在新古典风格的装修中，大多采取白色、金色、黄色和暗红色。白色装饰的房间，看起来更加的明亮、宽敞，空间的视野比较开阔，整个空间显得开放和气度非凡，在这样的空间中生活，会感受到十分舒适。除此之外，再加上窗套、门等都充分应用主体颜色——白色，进一步提升了局部空间的开阔性。在新古典主义的装饰中，常常利用水晶宫灯、罗马柱等进行修饰，从而进一步突出空间的典雅。

二、欧式新古典软装资源的分类

在进行软装设计时，必须借助一定的资源才能实现。软装资源一般分为功能性资源与装饰性资源两类。

（一）功能性资源

所谓功能性资源，指的是有实用功能的软装饰材料。这里所说的实际功能，是指能具体地实现某种既定的目标的功能。比如照明灯、小台灯等照明工具就属于功能性软装饰。设计师在设计过程中可以有效地通过软装饰本身的功能来更好地为自己的空间服务，功能性软资源有纺织资源、绿化资源、灯具资源与家具资源。

在欧式古典风格的选取上，最先需要确定的一点就是功能性的类型。软装不仅可以用来进行空间分割，同时，体现了主人的生活需求及审美，这使得越来越多的人开始重视软装。通过改变室内的软装修能够改变室内的整体氛围，使屋主在心理层面上得到舒适的感受。在此基础上，氛围能够影响人的心情，一个好的居住氛围可以为屋主带来好的心情。室内的软装设计能够给居住者带来良好的视觉体验。因此，要充分结合业主的个人喜好进行调整。

在进行欧式新古典软装过程中，在花样的选择上，可以利用印花的图案感觉，来选取快节奏感的花形，或者是欢快的橙色来提升气氛。这样的安排不仅仅能够凸显出花的美丽，还能够显得整齐划一，从而凸显出重叠花型所带来的精细。动静结合，花虽然乱，形却不散，种种花型叠加起来进一步展现了功能性选择的重要性。与此同时，也可以适当地调整材质的质感和纹理，可以挑选一些柔和的棉、织品或者是化纤等材料，制作成沙发套、椅套，增添整体的和谐和统一的感觉，进而从各处的细节上增添空间的典雅。

（二）装饰性资源

装饰性软装资源又可以分为工艺陈设品、字画、摄影作品等。

第一，工艺陈设品。所谓工艺陈设品，指的是具有艺术价值的室内家具陈设品。比如各种雕塑、古玩、各种陈列在室内的物品等。这些陈设品能够在一定程度上增强室内空间的视觉效果。由于各个陈设品本身都具有很强的灵性，因此当这些器物放置在某一具体位置时，能够将其内在的艺术气息很好地传递出来。人们在欣赏和观赏这些小摆件的同时，身心能得到净化。但是人们对于各种工艺陈设品的认识也就存在较大差异。因此在进行相关的陈设品选择过程中，可以合理地根据用户的需求进行选择，从而更好地满足用户的基本需求。

第二，文化艺术作品。这类文化艺术作品主要分为两种，一种是字画，一种是摄影艺术作品。在欧式新古典风格中，字画以西方古典主义或者新古典主义室内作品为主，通过将一些经典的字画作品放置在室内，从而营造出一个更加富有艺术情感的室内空间效果。摄影艺术作品则是一些摄影大师拍摄的作品，这些作品可以是一些经典的摄影作品，也可以是一些摄影师随机拍摄的作品。在选择这类作品时，设计师一定要注意作品本身的文化性质与要放置的室内空间之间的关系，切不可随意摆放。由于每一件字画和摄影艺术作品背后都有极强的文化特征，因此在进行选择的过程中，一旦挑选错误，就会给人们带去相反的视觉效果。而在欧式新古典主义软装中，可以选取与之相关的装饰性软装资源，以达到完美的装修效果。

三、欧式新古典风格软装的作用与特点

（一）欧式新古典风格软装的作用

1.烘托出室内氛围

欧式新古典主义室内风格最大的特点就是其自身的装饰语言，与传统的古典风格不同，新古典风格更重视色彩及曲线的运用，装饰性强。使用的家具样式较传统的古典风格更加丰富。通过家具的软装设计能够更好地体现欧洲新古典主义的室内风格。

软装对于欧式新古典主义室内风格的体现最重要的就是烘托室内气氛。新古典主义软装饰的类型也是十分丰富的。通过这些种类多样的软装样式能够很好地表现出欧式新古典主义的典雅风格。软装最大的优点就是具有一定的灵活性，这一特点在欧式新古典主义的室内氛围营造中有良好的体现。通过不同格调的装饰物，来体现不同的布置风格，主要依靠装饰器具、纺织品、书画作品等。软装饰品采用不同的搭配方式，可以体现出不同的环境氛围。比如蕾丝花边的垂蔓与人造水晶串珠进行搭配可以表现出室内的浪漫风格。雕塑作品与书画作品进行搭配，可以表现出室内的艺术风格等。室内空间的氛围营造与软装有些不可分割的关系。

欧式新古典风格与传统古典风格相比，家具的样式更加丰富。传统古典样式，采用一种相对简单的装修风格，家具样式也相对简单。而欧式新古典风格采用的家具样式相对复杂。造型设计以直线为主，通过基础的点、线、面结合方式来完成未来风格的设计。不同家庭环境的氛围，可以通过不同种类的设计配置来完成，确保室内的装修风格符合主人的喜爱。与此同时，不同风格的家具或其他饰品放在一起可以形成混搭风格。例如，将古典主义风格与中式风格相结合表现出现代一体化的家庭氛围。尽管混搭风格会给人独特的视觉效果，但从整体上看，它更加符合现代人的视觉心理感受，更能让人们接受。新古典风格促进了室内环境周围环境及时代背景的融合，表现出不同的家庭的独特氛围，使家庭生活背景变得活泼灵动。

2.环境与色彩的融合

不一样的色彩搭配方案能够给人不一样的感受，从而影响人的视觉体验及生活体验。在欧式新风格的发展过程中，离不开色彩的调节与融合。要想完成室内环境的调节，首先需要了解周围环境,其次要充分掌握房屋结构,最后根据喜欢的风格去选择合适的软装材料。

欧式新古典风格将这一过程变得简单,通过色彩搭配的调节,使色彩随环境改变而展现出不同的视觉体验。由于欧式新古典风格的装饰灵活,风格典雅,使得世界各地的人们都开始使用这种形式的软装设计风格。采用欧式新古典风格能够轻松实现室内装饰的改变及风格的转换。在进行房屋结构装饰设计过程中,最重要的就是充分掌握色彩的纯度、明度、色相这三方面。

色彩的纯度即色彩的纯净程度,所含其他颜色的比例越少,代表颜色的纯净程度越高,即纯度越高。明度则表示颜色的明亮程度,黄色是明度最高的颜色,紫色是明度最低的颜色,通过不同明度的颜色的搭配,可以表现出不同的性格及主题。想使室内的整体环境新颖整洁,可以采用粉色或白色的室内装饰材料。

新古典风格室内主义最具优势的就是环境色彩的调节与融合,它将洛可可风格与巴洛克风格的优势相结合,在基本元素及色彩的基础上表现出个人的审美认识。通过不同颜色的使用来表现出不同的风格,完成室内环境的转变。例如:通过蓝色与乳白色的搭配能够表现出地中海风情。地中海风情的特点是大海的静谧与白云的飘逸。使用蓝色能够使整体环境变得悠远宁静,体现出大海的特点;使用白色进行点缀能够表现出白云的飘逸与整洁,渲染出浓浓的地中海风情,这就是软装的颜色调节给人们带来的精神感受。而使用草绿色、明黄色、蓝紫色等颜色,也能表现出爱琴海风格的浪漫。色彩的不同搭配所体现出的风格格局是不同的。软装饰的独特魅力就是在室内装饰过程中,变化装饰品的颜色搭配等就可以轻松完成风格的转化。

3.优化视觉和感觉体验

欧式新古典风格中的软装饰可以很好地将家庭装饰的颜色进行改变,从而时刻都能给家人带去不一样的感觉,对室内空间的效果和布局起到一定的修改和促进作用。在视觉上,设计师要注意将一种更加新颖的视觉效果和感官效果应用到室内空间中,而这时就需要软装饰这样的装饰手法来更好地帮助室内空间实现这一目标,让室内空间变得更加富有趣味性和艺术性,从而更好地提升室内空间的整体效果。让房间主人在欣赏室内空间的同时,更好地了解到对应的信息资源和空间,从而更好地提升室内空间的整体趣味度。在欧式风格的软装饰过程中,人们喜欢通过装饰的方式将室内空间变得更加富有动感,通过采用各种动态的方式来提升室内空间的整体趣味性,这种方式很好地解决了室内空间的单调与简单。

比如在现代很多装修过程中，人们对于屋顶的装饰往往喜欢采用石膏吊顶的方式，这种方式尽管有其自身的优点，比如可以丰富屋顶空间层次感，提升屋顶空间艺术效果，让屋顶变得更加富有趣味性和可欣赏性。但从整体上看，当太多的人使用这种装饰风格时，人们就会对其产生厌倦心理。很多人逐渐对这种死板、坚硬的吊顶感到头疼。在这样一个基础上，要想更好地提升室内空间的艺术效果，就可以通过软装饰的方式来实现这一目标。比如可以通过在吊顶表现粘贴丝织品，从而提升室内吊顶的档次。可以用更加艺术化的吊灯来丰富室内屋顶的层次感。也可以通过放置一些景观射灯的方式来让屋顶色彩效果变得更加富有趣味性。通过这种方式开展对应的设计，才让欧式新古典室内设计风格特点更加突出，也让更多的用户喜欢上这一设计风格。

（二）欧式新古典风格软装的特点

1.丰富多样性

欧式新古典主义室内风格最大的特点就是其自身的装饰语言。与传统的古典主义室内风格相比，新古典主义更加注重自身的装饰性，将那种单调的室内情感完全抛去，因此新古典主义软装饰的类型也是十分丰富的。

首先表现在种类方面。软装饰本身的种类是非常多的，而这些种类都可以被运用到欧式新古典主义室内空间之中，由此可以看出其本身具有非常丰富的多样性。用户只要根据自己想法去选择，都能选出很多符合自己内心想法的室内空间软装饰；其次表现在适合不同新古典主义的特点，欧式古典主义本身也是有国度的，不同国家的欧式古典主义的特点存在较大差异，比如意大利的新古典主义本身具有很强的浪漫色彩；西班牙的新古典主义本身具有很强的奢华、繁复的感觉；美式新古典主义具有粗犷、简约的艺术风格，这些不同的艺术风格，需要对应的软装饰作为铺垫，一旦种类对不上，也就无法很好地将这种室内风格概括出来，从这一点也这足以看出软装饰的种类多样的特点；最后表现在艺术情调的渲染方面。新古典主义室内风格将沉闷的古典主义风格彻底打破，在其中融合了更多流行元素，使用了很多丰富的色彩，从而形成了一个富有装饰性、流行性元素的室内风格。在此基础上的软装饰对室内空间多样化的营造做出了"巨大的贡献"。比如蕾丝花边的垂蔓、人造水晶串珠、卷草纹样图案、各种皮毛、皮革面、各种雕塑优化作品等，都对室内空间的营造带去很大的室内空间要求。这种华美的艺术情感，很好地将室内空间色调表现出来。

在新古典主义的选择上，需要将传统的古典主义风格进行适当的区分。在新古典主义的软装上，更加强调的是低调、活泼的感觉，并在此中适当融入了传统古典古义中的高贵和华丽。在新古典主义中，更加侧重于黄色、白色、金色等颜色的使用。由于欧洲文化和我国之间的文化差距较大，欧洲的文化更加侧重搞艺术性的气息发展，也就具有更多的创新性和开放性，因此，在欧洲家具中可以看出，对于做工的要求十分严格，具有更精练和别致的图样。

2.以简代繁

新古典主义风格的软装饰在室内风格的表现方面十分重视风格本身对于用户自身的具体表现，在对古典主义室内风格的追求方面，它更加侧重于简化之后对于复古的追求。从表面上看，人们会感到这些软装饰都是从古典主义室内风格中提取出来的，都非常像古典主义室内风格的身影。但仔细观看以后，会发现它与古典主义之间有着很大的距离。这种距离就是简化。通过简化的方式，将整个软装饰的造型变得更加的简单，却更加能够适应新古典主义装修风格。

以家具装饰为例，新古典主义家具软装饰采用简化的线条，尽管表面仍能看到很多曲线和曲面，但繁复的雕花已经不再有，取而代之的是一些笔直的线条。在色彩方而，白色、咖啡色、黄色、红色是欧洲新古典主义软装饰中的主要色调。这些大方、明快的色彩，能够给人们点去极强的艺术气息，从而更好地将那种超凡脱俗的艺术情感表现出来。

当然，被简化的软装饰并不是代表其本身没有任何价值。相反，经过简化了的软装饰本身增添了更多的艺术气息，这种艺术气息主要表现在两个方面：首先简化的软装饰能够很好地将新古典主义室内风格本身所追求的那种简约、凝练概括出来，欧洲新古典主义室内风格出现在一个新的世纪，这个世纪的人们开始注重新的生活，传统的那种写实、逼真效果已经不是判断艺术好坏的唯一标准，在这样一个背景下的软装饰，很好地将这一艺术境界继承下来；其次简化的装饰不但不会降低装饰品的品位，还能在一定程度上提升装饰品本身的视觉效果，让人们在这样的室内空间中更好地感受到室内空间本身给人们带去的那种独特的视觉效果，从而更好地提升人们对于室内空间的情感。

在古典主义对于细节的极致追求的同时，还对实用主义的功能进行了要求，表现在种种配饰上。在新古典主义中，更加侧重于黄色、白色、金色等颜色的使用，并在种种色彩中适当地融入白色进行点缀，更加凸显了空间的开放性，让人感受十分舒适。

图3-12 新古典主义餐厅

例如图3-12中是一款欧式新古典主义室内风格的效果图，猛地一看，可以看出这幅作品本身有浓厚的欧洲古典主义室内风格的气息，墙体装饰、屋顶吊灯、桌椅的造型都有很浓厚的西方古典主义的气息。然而仔细一看，却发现各个软装饰与古典主义之间有很大的差异，这种差异主要表现在简单方面。以墙体装饰线为例，各个装饰线本身的形状都是以直线为主的，将以前的那种复杂、繁复的效果彻底改变。尽管给人这种独特的视觉效果，但从整体上看，不仅不会感到单调，反倒会认为它更加符合现代人的视觉心理感受，更容易让人们接受。

3.形散而神聚

欧式新古典主义软装饰最后一个特点是"形散而神聚"。欧式新古典主义软装饰都是由很多不同形式的小造型组成的，这些小造型本身不会受到任何的拘束，不仅人们可以根据自己的需求选择对应的软装饰配件，设计师在设计这些软装饰时，也是非常自由的。由于用户购买具有很强的自由度，因此设计师可以根据自己的需求进行大量设计，用户对于市场上的需求满足后，就能让整个产品很快地进入到市场之中；不仅软装饰的造型比较随意，软装饰本身的色彩、材料等方式也是非常随意的，用户可以根据自己的需求进行合理的选择，当这些比较"随意"的产品结合在一起时，室内就会变得非常"杂"，这就是所谓的"形散"。

然而尽管这些软装饰的形是散的，但是它们的"神"是聚在一起的，这种"神聚"主要表现在两个方面：首先，软装饰所在的室内空间效果是一致的，那就是欧式新古典主义，对于设计师来说，他们肯定会根据自己设计的室内空间效果给用户推荐各种软装饰，而软装设计作品为了更好地突出新古典主义，必须要在新古典主义风格的基础上进行设计，这就导致整体软装饰的设计风格是保持一致的，不论如何转变，其本质都不会发生任何变化；其次软装饰

图3-13 新古典主义餐厅一角

的用途可能有很大的差异，但各个软装饰之间是一个整体，它们互相起作用，共同构成了一个完整的软装饰，且各个软装饰品之间都是相互联系、缺一不可的，任何一件软装饰品被抛弃掉，都会让人们感到不自然。

比如图3-13中的室内效果图就是一个典型的案例。在这张作品中，可以看出整个欧式新古典主义风格的餐厅中有很多不同的软装饰。屋顶的吊顶、吊灯，墙壁上的酒柜、酒瓶，地面上的桌椅板凳，厨房的各种餐具和酒杯，窗户上的窗帘，这些软装饰本身在造型之上都有很大的区别，甚至看不到两个一模一样的东西，这足以看出这些作品本身的"散"。

然而尽管这些物品本身是很散的，但各个物品之间的关系却是非常紧密的。首先从功能角度去分析，不论是吊灯、桌椅板凳、酒瓶酒柜，这些软装饰品的摆放目的都是满足人们的基本需求；其次从各个软装饰之间的装饰效果上进行分析，同样也是相互关联的。以头顶的软装饰为例，吊灯和吊顶之间装饰风格基本保持一致，且各个元素之间的造型基本是一致的，两者很好地联系在一起，从而共同形成一个完整的吊顶系统。

软装饰本身的种类是非常多的，而这些种类都可以被运用到欧式新古典主义室内空间之中，由此可以看出其本身的多样化是非常丰富的。用户只要根据自己想法去选择，都能选出很多符合自己内心想法的室内空间软装饰。

新古典主义室内风格将沉闷的古典主义风格彻底打破，在其中融合了更多流行元素，使用很多丰富的色彩，从而形成了一个富有装饰性、流行元素的室内风格。在此基础上的软装饰对室内空间多样化的营造做出了"巨大的贡献"。这种华美的艺术情感，很好地将室内空间色调表现出来。

四、欧式新古典风格设计的运用原则

在进行欧式新古典主义室内风格的软装饰设计和挑选过程中，设计师需要根据自己的需求合理地选择对应的软装饰，同时还应遵循一些基本的应用原理，这些原理主要表现在以下四个方面。

（一）材质一致性原则

材质一致性原则是指让好的组合材料、家具和其他配件，在颜色或风格上很好地融合，因此，可以充分借助古典风格自身的特点，来对室内环境进行调整，支持住房设计成一个创新的软装饰的表现方式。

虽然欧式新古典风格所使用的装饰材料大致相同，但通过不同的组合能表现出不同的视觉效果。欧式新古典主义的装修风格是通过塑造优雅的室内环境来提升室内的格调。通过带有欧式新古典主义的软装饰品的搭配使生活中体现出文化色彩。因此在进行家具选择的过程中，要充分考虑家具的材质及其他饰品的材质，根据目标室内氛围来选择材质。房屋的室内氛围可以根据家具的不同材质来表现出不同的效果。皮质材料或木质材料最能代表新古典主义精致高档的格调，如皮质沙发、实木地板等。而皮质的种类及木料的品种的不同组合能够体现出不同的装修风格。例如，红木、松木等的组合能够表现出室内的优雅沉稳的室内风格。通过同类型的材料搭配表现欧式新古典风格的完美主义，向居住者表现出浓浓的巴洛克风格及洛可可色彩。通过一致性的家具饰品搭配来完成不同室内风格的建立，如浪漫主题风格、庄严主题风格等风格的建立都要依靠同一系列的家具饰品的搭配。这促进了欧式新古典主义风格的发展与传播。

值得一提的是，不同材质对人的心理会产生不同的影响。在现代室内设计中，材质的重要性毋庸置疑，材质的使用也会对所处空间中的人们产生一定的影响。材质对人们心理活动的影响由来已久，确切地说，它的产生是伴随着室内设计的出现而产生的。材质是室内设计中的一个重要组成部分，当室内出现设计时，其空间内的材质也就开始对人们的心理活动产生影响。在室内空间中，不同质感的材料给人以不同的视觉和触觉感受，主要表现在：粗糙和光滑、软与硬、冷与暖、光泽与透明度等。粗糙的材质给人以原始、自然的感觉，光滑的材质使人感到华丽严谨，软的材料给人温暖、柔软的感觉，坚硬的材料给人严肃、坚硬的心理感受，材料所带来的冷暖感受则分为触觉的冷暖和视觉的冷暖，不同的材料由于颜色、温度不同，给人的感觉也不同，许多加工过的材料都有很好的光泽，可以活跃室内氛围，透明质感的材料会使人觉得空间开阔，弹性材质给人休闲舒适的心理感受，每种材料都有自带的肌理，不同的肌理也会给人不同的心理感受。

（二）色彩混合与搭配原则

通过特定的色彩搭配能够表现出欧式新古典主义风格，依靠变换的色彩来表现出不同的效果，在进行设计过程中，色彩对于室内氛围的营造至关重要。通过不同的色彩进行混合搭配，不仅能够更好地提升室内空间的整体效果，还能让人们在这样的室内空间中更好地感受到空间本身给人们带去的不同效果，色彩的混合搭配具体体现在地毯、书画、家具等的颜色搭配。

不同的色彩给人的感觉是不同的，通过不同颜色的混合搭配能够表现出不同的室内视觉效果。室内氛围可以通过色彩混合搭配的方式加以改变，表现出室内环境的含义。如皮质家具能够给人一种高档的感觉，而通过印花纺织品的结合，能够融合鲜艳的色彩，柔和皮质材料带来的沉重感，从而实现完美融合。

在此基础上，其他室内氛围的营造与此类似。例如白色的墙壁能给人一种静态的，素净的感觉，而通过色彩鲜艳的油画能够带来动态的唯美感觉，从而实现室内氛围的动静结合。优雅大气、潇洒的室内风格比较受欢迎，而在这种风格中，加上鲜艳的颜色的软装饰品进行点缀，能够起到很好的装饰作用，提升室内整体格调，增加新鲜感。在软装颜色的选择上，可以根据自身室内氛围的喜好，来选择不同的颜色，如家具、壁纸等。在进行室内颜色搭配敲定时可以通过室内陈列饰品颜色、家具颜色、地板颜色等方面来体现。室内墙壁的颜色能够奠定室内风格的基调，在这种基调下，配合其他颜色的装饰品，将屋子内部的整体风格加以体现。

通过颜色的合理混合搭配能够表现出室内设计的主题，诠释设计师的构思。一些相对现代化难以理解的设计理念也可以通过色彩的混合搭配来进行表达。例如，当下室内装修设计中，人们不再单调地使用白色的墙壁，白色的灯光，黑色背景开始走进人们的室内装饰。通过颜色间的对比，能够给人强烈的视觉冲击，同时配合深色的翻毛材质的沙发，将黑白对比带来的尖锐冲击进行融合。在灯具的选择上，使用明亮黄色的灯比白色的灯更适合丝质的沙发坐垫。在茶几的选择上，选择与沙发颜色配套的深色来与沙发呼应，同时使用高档的实木材质来提升室内装饰的整体质感。这样的颜色相搭配大胆而个性，表现出屋主独特的审美风格及艺术水平，通过强烈的色彩混合搭配来表现出欧式新古典风格精致繁多的软装饰特点。

与材质能够对人的心理产生影响一样，颜色也能够对人的心理产生影响。色彩对人们的心理活动有着重要影响，尤其是在情感、情绪上，有着紧密的联系。颜色通过光照满射与反射以及物质的本原色作用于人的眼睛，眼睛接受各种光波辐射后传递到大脑神经，最终在大脑皮层的刺激下产生各种情绪。例如当人们看见红色的时候，首先感觉到的是温暖和激烈，这是由于红色本身本来就是作为热血与革命的象征。又如当看见绿色的时候，人们首先想到的是环保、植物，这是因为绿色象征着自然，象征着环保与健康。还有当人们看见粉色的时候，首先想到的就是女性，因为粉色历来就是被众多女性独自占有的。

（三）空间和环境的协调性原则

室内装修的目的是给居住者营造更好的居住环境，因此无论是硬装设计还是软装设计，都要从居住者的需求出发，为居住者营造家的氛围。在进行室内装饰时，使用大量的高档材料进行叠加会使居住空间失去居住的舒适感，因此，只在软装饰饰品的选择上来体现室内装饰的精致即可。软装饰的基础作用就是优化室内居住氛围，提升室内装饰格调。软装饰与硬装不同，硬装修大多数工程庞大，在装修完成后不可更改，而软装饰则非常灵活，可以随时根据居住者的喜好和需求来改变装饰品的摆放方式及陈列布置。从整体角度来看，房屋内一个小饰品的位置摆放的改变所产生的变化微乎其微，但将房屋内的所有软装饰进行改变，可以使房屋视觉效果改头换面。软装的使用是在房屋原有结构的基础上，通过室内环境的营造与室内空间分割完美结合。软装饰可以借助细小的装饰物的搭配来改变室内的环境氛围，体现居住者个人的生活习惯，增强室内环境的艺术性。

随着时代的发展，市场经济水平不断提高，人们的生活水平也在不断提高，从而对居住场所提出了新的要求。以往的居住空间更注重功能性，而现代的居住空间更注重精神层面的舒适。人们通过软装饰的使用，来表达个人内心的精神需求，现代居住空间已经成为人们的审美寄托。软装饰文化是借助不同的装饰品来表达个人的审美喜好、思想体系。当代室内环境的营造离不开软装饰，适应环境营造的各个方面都需要软装饰的装饰作用。不同的室内纺织品能够营造出不同的室内软环境。室内纺织品是人们在居住空间不可缺少的生活必需品，室内纺织品的覆盖面积较大，因此，它们的风格选择奠定了房间整体的风格基础。软装修是通过饰品造型、风格等来完成室内整体氛围的统一。室内环境的营造离不开这些"内容"的体现，饰品的材质、颜色、造型等必须相互融合，才能够创造出和谐美观、舒适实用的环境氛围。

（四）个性化和主体化的协调性原则

人们在生活中越来越注重艺术性的体现。现代工艺领域已经渗透到了人们生活的方方面面，如服装、首饰等都是艺术性的体现，使用者通过个人的艺术审美来进行选择。艺术设计强调整体性，即配饰与主题思想的搭配。在房屋艺术创作过程中，要根据整体的风格主题，来进行搭配设计。艺术创作最重要的就是美感与和谐。艺术设计与主体间的关系主要体现在两个方面：一方面，艺术设计应该附属物主体，可以这样理解，所有的艺术设计都是为了突出主体，增加主体美感；另一方面，装饰艺术是个人艺术审美水平的体现，可以这样理解，装饰艺术不仅要烘托主体，还要表达出自身的艺术价值。也就是说，软装修对于室内环境设计应该起到锦上添花的效果。通过软装饰来烘托房屋主体，增强房屋美感。在房屋装修过程中，软装饰的增加能够提升房屋的整体格调，与此同时，每一个软装的放置都应该体现出艺术装饰与主体间的和谐关系。

软装搭配要能够体现出主从关系，根据个人喜好来选择搭配方式。在室内装修过程中，不能任意使用大量个性化软装饰品，要根据室内设计风格主题来选择。同时，房间内的饰品摆放要有一定的"留白"，确保空间的延续性。软装饰的主旨就是通过居住空间内饰品摆放、颜色等的细节来优化室内环境氛围。房屋装修设计要先从房屋整体风格入手，奠定房屋的主体基调，然后再通过小细节来体现自身个性及特点，使艺术装饰与主体相结合，确保居住空间与软装饰形成一个统一的整体。

在房屋设计过程中，底色要浅，墙壁地板的颜色搭配上，深色的覆盖面积不可超过浅色。家具的颜色选择要根据房屋整体风格来确定，大多为白色或深色。在设计过程需要注意的问题主要有以下六点。

第一，窗帘及布艺要选择适宜的面料。不同的面料的质感是不同的，例如亚麻面料会带来粗糙感，纱质面料会增加浪漫感，丝绸面料会增强高贵感。在选择时要根据房间的主题进行选择。

第二，墙纸的合理使用能够有效突出主题，提升质感。如条纹碎花的壁纸能够突出美式风格。

第三，灯具的使用要根据房间主题进行选择，如欧式风格的主体就要选择华丽的灯具，如水晶材质的灯具。与此同时，灯具的光线颜色及光线明度也至关重要。

第四，根据欧式新古典风格主义，在选择家具时，要尽量选择深色复古造型的家具，家具的风格要与房屋整体风格相同。

第五，装饰画的使用"在精不在多"，要合理控制装饰画的数量，厚重精致的画框比较适用于欧式装修风格。

第六，地面装饰。房屋面积的大小会影响到地面装饰材质的选择。大理石材质仅适用于复式及别墅的大厅，由于大厅的面积较大，使用大理石材质能够使室内环境变得高档大气，而对于普通的房屋则不适合。面积相对较小的房屋，在室内环境营造过程中应重点突出温馨舒适，选用木质地板能够很好地提升温馨感。欧式装修风格的地面可以选用地毯来进行装饰。地毯材质独有的浪漫风情与欧式风格能够很好地融为一体。大多数情况下，地毯的颜色要相对淡雅一些。

| 第四章 |

软装设计中的布艺设计

第一节　软装布艺的发展与价值

所谓布艺，主要指在室内外装修中软装陈设常用的一种装饰物质，如室内内窗吊挂的各类窗帘、遮阳、百叶等，内墙壁布、壁纸，家具覆盖物以及各类地毯、毛毯、针织物装饰品等。除了运用于各类建筑中，在汽车、飞机、轮船、公区等都有布艺的装饰。布艺，顾名思义，就是以布为原材料，将其进行艺术化处理。这就进一步解释了布艺的使用功能和实际价值，"软装布艺设计"就是将布艺应用在整个室内空间设计中的一种专有名词。

早在人类远古时代，布艺纺织品就已经被广泛用于室内装饰并沿袭至今。20世纪70年代，我国纺织业快速发展，涌现出一批专业化纺织品的生产厂家，统一的纺织品市场也开始分化，逐步形成了服装、家用纺织品、工业用布三大支柱产业格局。直到20世纪80年代末，随着我国现代家纺工业的崛起，软装布艺设计作为一门专业学科，也受到行业内外设计师们的普遍关注和重视。

以布艺纺织品作为室内装饰材料，涉及纺织材料和深加工等方面的专业知识。布艺产品的原材料加工和成品款式设计涉及面非常广泛，几乎涵盖目前已开发的所有纺织原材料及其制成品，其中包括毛、麻、丝、棉、竹纤维等天然纤维制品和各种化纤、人造纤维制品以及各种混纺材料、特殊材料制品。布艺产品通过纺织加工技术将上述原材料制成厚与薄、通透与不通透、粗糙与光滑、有光与无光、结实与蓬松、挺括与柔软等外观风格不同的面料，用来装饰和美化室内空间。布艺产品面料涵盖各种无纺布织物、平素织物、提花织物、色织物、染色和印花织物、植绒、经编、纬编、针织布等。随着纺织科技的不断进步，在装饰面料的设计开发上有更多的深加工工艺面世，极大地丰富了装饰面料的表现力，这些深加工工艺包括各种新型的印花工艺（如数码印花）和新型的绣花工艺（如激光雕刻绣花），还有植绒、各种烂花、压花、剪花、烫金、割绒、涂层、绗缝、拼接等，都被广泛运用于布艺产品之中。有些产品为了进一步加强其装饰效果，还将几种不同深加工工艺综合运用于一块面料之上，使布艺产品"锦上添花"，呈现出百花齐放、多姿多彩的景象。

软装布艺设计与人们的日常生活息息相关，具有很强的实用功能与审美功能。从实用角度来说，窗帘和窗纱具有遮光、隔音、防晒等功能，布艺沙发具有坐卧、休息的功能，台布和家具覆盖物具有洁净、防污的功能等。布艺产品的实用功能同时还体现在纺织产品的物理性能上，作为窗帘和布艺沙发的面料要求具有环保性和舒适性，讲究手感、触感、垂感、挺括、柔软、耐磨等不同的物理特性，特殊的布艺产品还要求具有防污、防皱、抗菌、阻燃等特点。从审美角度来说，布艺产品设计更强调其装饰性和艺术性，对于美化家居环境具有重要意义。通过家用纺织品设计师对产品的面料设计和款式设计以及整合设计，将纺织物原材料、加工工艺、色彩构成要素、图案构成要素、产品造型要素有机地结合在一起，以营造出各种不同风格的室内软装饰氛围，如常见的欧式风格、美式风格、中式风格、东南亚风格、现代风格、乡村田园风格、简约和奢华风格等，给广大消费者的家居生活带来温馨、愉悦和美的享受。

布艺行业属于时尚产业，布艺企业每年都要紧跟时尚潮流研发出流行的新产品吸引顾客，引导市场消费。布艺产品设计的流行要素包括流行的加工工艺、流行的配搭色彩、流行的图案类别、产品造型要素、整体装饰风格等。

随着人们居住环境和消费方式的改变，家用纺织品从产品研发、生产加工到经营方式方面都产生了巨大变化。其发展趋势表现为以下几点。

（1）逐步实现布艺产品由半成品向终端消费品的转变。随着消费者个性化消费需求越来越高，布艺产品定制成为当前发展的趋势。

（2）目前，广大消费者要求实现整体的家居软装饰已成为一种时尚。在家居环境和整体室内空间的装饰中，包罗了很多跨行业的产品在内，如家具、布艺、灯具、饰品等，而布艺产品是其中重要的组成部分之一。整体的家居软装要求具有统一的色彩和装饰风格设计，各种产品要做到配搭协调，使整个室内空间成为一个有机的整体，这也是未来发展的潮流趋势。

（3）布艺产品从生产到营销实现"智能化"。"智能化"是建立在互联网信息基础上的生态系统，这一系统正在布艺业界逐步得到普及。一些品牌企业将互联网系统引入到布艺生产和终端销售服务之中，通过互联网系统与消费者进行互动，为消费者提供一站式定制服务，取得了很好的效果。布艺生产与销售纳入"智能化"生态系统，是家纺布艺行业进一步发展的大方向。

一、软装布艺的历史

（一）纺织品起源

自古以来，在人类日常生活当中，纺织品就以得天独厚的柔软质感和丰富多彩的可塑性，成为人类衣、食、住、行领域中最不可或缺的重要构成因素。为此，人类与纺织品也就结下了不解之缘。人类利用纺织品，首先是从实用的需求出发，并赋予其别样的功能与使用方式，从劳动用具到人类的着装，再到室内陈设用品。可以说，纺织品具有一种天生的亲和力，这种亲和力，来自材料自身的性质，如柔韧性、保温性、遮蔽性、装饰性等，同时也来自人的感受性。在长期的创造与使用过程中，人类对于纺织材料的体验与感受具有浓厚的情感色彩，包含着一种对纺织品与人类生存相关的历史意识。

追溯历史，人类先民在编筐、织席、结网等生产劳作中发明了织布技术，其产品用来替代粗陋的兽皮、树叶、筋葛等制成的御寒物体。纺织品的出现是人类告别"茹毛饮血"的野蛮年代而进入文明社会的重要标志之一，说明人类在文明之初，出于本能，已在"饱腹"之后而求"衣"和"居"了。人类创造并发展了"居室"与"纺织品"这两种生命的保护物，构成了不同时代的人文环境，表现出人类的创造精神。

"居室"与"纺织品"都是人类文明的标志，用"生死与共""休戚相关"来形容人类与居室和纺织品的关系是毫不过分的。作为人类繁衍生息的基本条件与人类文明的产物，纺织品用自己独特的语言展现着神奇的文化与瑰丽的艺术。

（二）西方布艺装饰历史

西方社会自古希腊、古罗马起，就始终持有使用大量纺织品美化的宫殿、城堡等古风遗俗。在追求享乐、崇尚奢侈、讲究排场的17—18世纪，更是将该风尚推向了登峰造极之境，故而也极大地刺激了西方纺织产业迅猛而全面的发展。如举世闻名的高柏林（Gooselings），便是当时法国最负盛名的皇家纺织品生产厂家。它的产品大多以豪华的造型、华丽的色彩、精湛的工艺、贵重的用料蜚声欧洲。经过数百年风雨历程的洗礼，其至今依然风采犹存，并独享法国古典风格纺织品艺术研究与开发中心的崇高荣誉。

近现代家居应用的纺织品开发、生产起于欧洲工业革命的初始阶段，发展于20世纪50年代，兴盛于80年代以后。20世纪70年代是世界范围内建筑业如日中天、人们物质生活水平大幅提升的时期，这也促使了人们在纺织用品的数量、质量、功能、审美等诸多方面，都有了更多、更好、更精和更美的全方位需求。西方装饰的纺织品用量已于20世纪70年代起大大超过了衣料的消费量。在此大背景下，欧美国家里众多从事纺织品艺术造型的设计师、制造商等，开始像雨后春笋般地应运而生，如声名显赫的法国纺织品艺术开发商兼经纪人平顿（Pinto）便是此时期该行业的先行者和佼佼者。1974年，在平顿的大力倡导和运筹下，在巴黎成立了以他为首任会长的国际纺织品设计家协会，至此，平顿的名字在西方纺织界声誉鹊起。

除此之外，欧美地区还有许多设计师、艺术家、评论员、经销人等，都曾为70年代兴起的、席卷全球的家用纺织品艺术设计运动，或身体力行，或摇旗呐喊，许多在该领域从事艺术设计的人士备受关注与尊崇，家用纺织品艺术也成为青年人趋之若鹜的热门专业。与此同时，世界各地举办的家用纺织品发布会、展销会、研讨会、博览会等，也为纺织品艺术设计的兴旺发展推彼助澜。如1972年创建于法兰克福的德国国际纺织品博览会，便以规模最大、历史最久、影响最深、观念最新而蜚声国际纺织界。由于该博览会中的绝大部分展品是展示最新家用纺织品流行趋向的，因此受到业内人士的高度瞩目，成为国际家用纺织品艺术设计潮流走势的指南针。

（三）我国布艺装饰历史

中华民族是一个热爱生活的民族，运用纤维织物装饰建筑空间有着悠久的历史传统。古诗《孔雀东南飞》中"红罗复斗帐，四角垂香囊"的诗句，是汉代纤维织物在建筑空间中用于装饰的生动写照。唐代大诗人白居易在《红线毯》中写有"红线毯，择茧缫丝清水煮，拣丝练线红蓝染。染为红线红与蓝，织作披香殿上毯。披香殿广十丈余，红线织成可殿铺。彩丝茸茸香拂拂，线软花虚不胜物。美人蹋上歌舞来，罗袜绣鞋随步没"这些皇宫中华贵艳丽的乐舞场面，为红丝毯所衬托。可见，人类有目的地创作、生产并运用材质、功能、工艺和造型各异的纺织品进行室内环境布置的文化行为古就有之，且成绩斐然。在此当中，最突出的莫过于用来炫耀皇亲贵族们尊贵地位的皇宫、府邸里的装饰纺织品了，它们是各个历史阶段纺织品造型、材料、工艺等最高水平的代表者。

应用纺织品装饰室内环境，其可资考证的历史可推至殷周时代。受制于自然灾害和人为破坏等原因，现存的古代室内纺织品实物已为数不多，除故宫外，人们仅能从古代典籍的文字记载和绘画作品中一览其昔日风韵。故宫作为展示古代灿烂纺织品造型艺术的博物馆，在殿堂、厅堂、寝室、厢房等建筑空间内部，那些极具中华气派并且做工精巧的帏幔帘帐、家具遮罩、寝具绣件、软垫屏风等纺织品，充分印证了中国人在该领域取得的卓越成就，以及对世界纺织品发展作出的特殊贡献。当这些纺织品与庞大、雕梁画栋的空间及其他环境构成要素（如硬木家具、青花瓷器等）相辅相成时，更折射出古人在设计方面的超凡才智。其独树一帜的艺术风格，为当今纺织美术设计者们进行研讨、挖掘、弘扬本民族优秀文化传统，提供了珍贵的史料依据和灵感来源。

与欧洲相比，我国布艺装饰行业兴起的历史并不长，自1840年以后，家用纺织品设计就基本处于静止的状态。一直到中华人民共和国成立，在20世纪50—70年代，虽然纺织工业在规模、产品数量及花色品种的开发上都得到了重视和发展，但由于整体生活水平较低，绝大多数家庭的家具和陈设十分简单，更谈不上装饰二字。20世纪80年代开始，由于改革开放，先进国家及地区的装饰概念逐渐影响我国，组合家具和沙发开始流行。这个时期，人们对装饰的意识及家纺重要性的理解逐渐加强，装饰织物研究与开发也越来越被重视。最值得一提的是当时的纤维艺术热潮，随着中国室内艺术和环境艺术设计的发展，纤维艺术从壁挂、壁毯艺术起步，逐渐发展成为具有独立意义的现代艺术。现代纤维艺术设计作品被广泛应用到建筑装饰、室内设计中，这些现象都为我国家用纺织品的腾飞奠定了良好的基础。当时地处改革开放前沿的广东地区民营企业率先从国外引入了现代家纺布艺的消费和生产理念，布艺软装饰开始成为专门的行业。与此同时，浙江余杭、海宁、绍兴地区和江苏南通的布艺装饰企业也迅速崛起，并发展成为有相应规模的产业集群。至20世纪90年代中期，中国现代家纺行业就实现了从无到有、从有到供过于求的发展历程。家纺布艺装饰行业作为中国纺织业三大支柱产业之一，其产品不仅满足了国内需求，也逐渐开始覆盖国外的市场。可以说，20世纪80年代是我国家用纺织品发展的起步阶段。

但是，在一段时间内，国内布艺装饰市场上也存在着产品同质化、仿冒抄袭、商业诚信欠佳、市场秩序较为混乱的情况。20世纪90年代后期，广东省布艺协会率先成立，之后全国及各地方的行业协会也相继成立。各行业协会致力于开展行业自律与交流合作活动，发出倡议，杜绝仿品侵权行为，保障消费者权益，营造了布艺装饰业诚信、守法经营和产品创新的良好社会环境，对推动行业发展和规范市场行为起到了非常重要的引领作用。

二、布艺市场的现状和趋势

（一）布艺市场的现状

早在我国 20 世纪 80 年代的建筑材料市场中就已经有了专门经销布艺的企业，随着我国经济水平的提高，以及人均消费水平的提高，人们对居住空间在艺术品位上有了更高的要求，所以布艺产品在经济市场中也越来越受到重视，市场规模也随之扩大，并且布艺的规格与创新也不断地改革与更新。在全国内销市场的统计数据中可以看到，目前布艺销售中，窗帘市场规模最大，大约占整个市场的 80%，而沙发布艺和其他布艺约占市场的 20%。

在改革开放以后，尤其是在21世纪的今天，纺织业在全国范围内都得到了空前的壮大和发展，过去主要为"温饱型经济"，纺织业中主要以服装类针织品为主导产业。近年来，随着我国整体经济的大发展、人居环境的提高，以及人们对自我精神价值的追求等，家具纺织品或软装陈列品逐渐占领整个纺织业市场。就从家庭装修成本构成来说，对于纺织品软装成本一般占整个装修总成本的20%左右，所以内装纺织品在目前乃至未来的建材市场中有着巨大的潜力。不仅在家装，还有很多酒店提升改造、办公环境改造、商业内环境提升等在纺织品采购上是必不可少的。但是在一些高档办公楼或者星级酒店中，国内一般纺织品在品质上和匹配度上都还不成熟，很多都需要靠国外进口。就我国纺织品在建筑行业使用情况来说，主要集中在大中城市，但是随着乡镇农民经济生活水平的提高，县以下一级乡镇也是未来纺织品市场的主力军。

（二）布艺市场的发展趋势

1.市场营销渠道的发展

国内布艺装饰行业多年来基本上是沿袭传统的经销模式。由于产品涵盖面广，有原材料、配料、半成品、终端产品等不同类别，因而市场销售渠道也各有差异。有些布艺装饰产品直接面对终端消费者，有些则是面对终端产品的生产厂商，销售方式不一样。布艺装饰企业通常采用的经销方式有总部分销、连锁加盟、专卖店、店中店、地区代理、地区总分销等，总体上都注重与各地经销商、零售商建立互利共赢的战略合作伙伴关系，保持可持续性发展。

进入21世纪之后，国内的一线城市和地区开始出现了全国性大型布艺装饰市场，例如北京的幸福家庭布艺市场、上海的轻纺市场、浙江的绍兴轻纺市场，广州的中大布匹市场等。这些大型布艺装饰市场成为地区布艺布艺产品的集散地，各产地的企业可以通过这些大卖场将自己的产品辐射到全国各地。也有很多企业将自己的产品直接大型建材市场与建筑材料共同销售。目前，布艺装饰店基本都是"体验+设计服务"的营销模式。

2.营销服务的创新

随着国内外市场的不断变化和消费者需求的改变，布艺装饰行业的营销服务方式也在不断地改进，以适应形势发展的需要。一些品牌企业根据市场需求，开发了整体配套产品进行营销，所谓"整体配套"，既包括床上用品的多件套，也包括卧室内和客厅内的窗帘、窗纱、地毯、抱枕、软包、布艺饰品以及餐厨、卫生用品等。近年来，有些企业更进一步打破行业界限进行跨界资源的整合,进行室内整体软装一体化、一站式的营销服务，这种营销方式现在已经成为一股潮流。

整体软装的营销根本点是以人为本的设计服务，产品营销不再是卖单一的产品，而是卖一种生活体验，卖一种设计服务。室内整体软装不仅涵盖布艺产品，还包括家具、灯具、壁纸、饰品等，使家居环境在装饰风格上成为一个整体。整体软装的营销可以说是根据消费者的需求而进行的定制设计服务，突出了设计师的主导作用，要求设计师既了解时尚潮流趋势，又能把握好各种设计风格的精髓，并且能有效地与消费者沟通、互动。

3.转型升级与发展

从发展来说，未来的家居装修会越来越趋向理性化，由追求奢华的重装修逐步转向重装饰。家用纺织品行业已是一个全新的概念并呈现出以下特点：健康、环保成为软装布艺产品的新追求；家纺销售模式向一站式家居体验中心转变，产品展示融入"大家居"概念；多品牌战略成为家纺企业的发展方向；平价的快时尚家纺为消费者提供更多的选择；自助或半自助式终端销售模式或将流行；家纺智能化得到较快发展并将成为趋势。

当今中国经济进入新常态，对于中国的厂商与零售商来说，是一个在变革中求得生存与发展的时期，布艺装饰行业同样如此。新常态下，家纺产业面临着研发设计能力薄弱、自主创新能力不够、缺乏知名的品牌企业等问题。因此，家纺布艺集群和企业的转型升级均在加速推进，具体的做法体现为淘汰落后产能、更新技术装备、提升产品质量等。另外，布艺装饰企业也在加大对新材料、新技术的运用，引进具有创意设计能力的高端人才，将家纺布艺产品的"中国制造"转变为"中国创造"。同时，布艺装饰企业也将积极走出国门，整体提升中国产品在国际上的影响力。

总之，布艺装饰企业要了解当今消费者的需求，从激发和引导消费的角度考虑问题，通过设计服务不断改善消费者的居住环境和提高生活品质，以此来拉动内需。随着行业发展，只有那些重组消费者、重新定义价值、重新思考店铺模式、更新商务模式的零售商与供应商，才能茁壮成长。

三、家居整体软装中的布艺设计

所谓布艺设计，是在一定设计意念的支配下，选择相应的艺术形式、工艺手段和材料媒介，完成某种既具特定实用功能又富强烈审美情趣的纺织品造型活动。由于家用纺织品受限于其所处的空间环境，在研究与设计这类纺织品时，要注意纺织品本身的设计规律，还要兼顾它与其他构成要素之间的相互匹配关系。

家用纺织品是从属于室内空间而存在的，无论以何种形式出现，都要依赖于室内空间的承载，才能使家用纺织品的美得到圆满表现。社会的发展和科技的进步，使得近代建筑风格趋于多元化。室内装饰风格的不断变化，对家用纺织品的性能、品种、质感、肌理、纹样、色彩等要素提出了新的要求，这无疑是家用纺织品自身发展的潜在动力。从这个意义上来说，建筑的室内空间给家用纺织品提供了一个施展魅力的舞台。

关于整体软装，其核心是指"室内软环境"的设计，"软"是相对其他硬质材料而言的。在一般的室内装潢中，人们注重的往往只是室内空间的硬装饰部分，如空间的结构、格局的划分，天花、地面、墙体的装饰以及厨房、卫生间的安置等，选用的材料多为花岗岩、大理石、瓷砖、玻璃、金属等硬质的材料，对软质材料（如家具、纺织品等）的选用却放在了可有可无的位置，更谈不上实施系统的室内纺织品配套设计了。

"软环境"还有另一层含义，也是至关重要的，是指纺织品与人之间的一种"物人对话"关系。实际上，因为纺织品独特的材质、肌理和花色，天生就具备了较其他材料更易与人产生"对话"的条件，这些条件通过人的视觉、触觉等生理和心理感受而存在并体现其价值。如触觉的柔软感使人感到亲近和舒适，色彩的冷暖明暗必然引起人的某种情感心理活动，不同的材质肌理令人产生不同的生理适应感，不同的花色图案可以使人产生一系列的联想等。

室内软环境是家居整体装饰的重要部分，是室内纺织品最集中的领域，专门研究室内的软环境在我国设计界才刚刚起步。对于家用纺织品生产企业而言，研究各种装饰风格流派可以为人们做好产品的设计提供有效的帮助，因为这些流派背后都蕴含着各自特有的文化背景和生活艺术理念，它们受到现代消费文化的映射，与现代消费理念形成种种对应。只有当布艺产品所传递的文化和生活理念得到消费者认同时，才能发挥出它们更好的作用。

四、软装布艺设计的文化价值

纵观国内的室内软装设计，目前大多还停留在符号化的物料堆砌层面，或者从技术层面进行软装饰设计，缺乏文化层面的深层思考。因此，软装布艺设计师应该通过对室内设计行业的市场需求和软装行业发展背景的分析，深入剖析软装设计中材质选择、配套设计、消费类型及需求等各种边界制约因素，从"人与物、一与多、善与美"三个方面对整体家居软装饰设计进行解读。

（一）人本主义家居布艺设计

"软装饰"是指在室内空间中利用那些易更换、易变动位置的装饰物进行有意味的搭配和陈设，并在此基础上建立一种"人—物—空间"的对话关系，最终实现以人为本存在状态的技术、观念、思潮和现象。要营造理想的室内软环境，首先就要从满足使用者的心理需求出发。

近些年，居室设计中引入自然花草、流水游鱼、白砂顽石的现象颇多，设计师通过巧妙处理，让家居拥有了一片纯净开阔的天地，这种"禅"意的空间得到诸多中老年消费者的青睐。当今，自然、健康、养生的家居要求，也呼吁家用纺织品的设计要更加注重环保意识。

家居设计还需要考虑居住者的年龄、性别、职业、性格、经济状况等多方面的个性要求，实现以人为本的"个性化定制"。这种行为完全是受个人的爱好和理想控制的，与求异、求同等心理需求有关。一身温馨的厨房套装，既免除了油烟烦恼，又为厨房增添一道亮丽风景；那些看似不经意的小挂件和小摆件，更能体现家居主人的装饰趣味。现在的家居从硬装饰到软装饰，均可以看作是主人对理想生活追求的外化，是与自己心灵对话的诠释。

（二）家装设计的多样性

1.搭配多样统一

多样统一观念表现在室内设计的空间、材料、风格、工艺、色彩搭配等多方面。具体来说，空间搭配有多种类型，如封闭空间使人产生私密感和亲切感，敞开式空间可以营造开朗活跃的氛围，静态空间令人感到舒适与温馨，动态空间则增加环境的活力与趣味。材料搭配方面，同类材料能形成高度统一的效果，不同材料则形成差异对立的趣味。色彩搭配有同类色和对比色之分，前者产生趋同、和谐、顺畅的视觉效果，后者明晰差异和跳跃的活泼感。工艺搭配也有同类工艺和不同工艺的协调配套。在处理这几个方面关系时，要做到多样性统一，通过各种搭配，形成优美的审美风格。

2.整体和特色的统一

家用纺织品每个配套部件都有其独自的性能特点，但可以从用途、特性、功能等方面找到它们之间的关联。同时，要了解整体设计中艺术形式、艺术风格、艺术效果的主要倾向，这是形成完整艺术形象的基本条件，能使人们感受到形式美主体方面所表现的主要基调，主要从造型、图案构成和色彩三个方面来完成。如娱乐场所的纺织品设计应以具有生动活泼的气氛、利于娱乐活动、增进身心健康的内在联系为主线，再配以色彩造型和图案设计，完成"主旋律"的营造，将整体与特色结合起来。

3.家居陈设品的"系列化"

家居陈设品的"系列化"是通过装饰基因配套、主导产品的功能配套、风格情调配套，使同一花型、同一色彩或同一艺术设计语言在陈设品的图案、造型或材质中反复出现，在视觉上产生连贯性，由此产生的艺术感染力能营造特有的意境与氛围。如同一风格的家具，可以设计成卧室系列、客厅系列、餐厅系列、书房系列，甚至延伸到厨房系列和卫浴系列；又如同一系列的装饰面料，可以根据不同的功能需要，设计成床上用品、窗帘、窗纱、墙纸、家具面料、抱枕等系列化的家居纺织广品。

将家居不同功能空间中的家具、家纺产品和装饰品根据整体装饰风格进行系列化艺术陈设，使陈设品与人之间建立的一种"物人对话"的关系，营造出某种符合人们功利目的的空间环境氛围，这种旨在满足感受或感官体验的氛围营造正是家居整体软装设计的核心。

（三）"美善合一"的设计目的

室内生活是构成家庭生活的一项重要内容，是室内文化的具体体现，它反映着人们最深层、最私密的生活方式，必然从简单行为向着富有文化艺术内涵的行为演进。

在整体家居软装设计中，自然要从功利主义角度出发，设计要合理、好用，满足人们生活的功能性要求，这就是求善。同时，随着人们居住条件的改善，家居的审美功能在不断彰显，优美的居住环境能带给人们审美快感，达到所谓的"日常生活审美化"的目的，求美，才是终极目的所在。

家居整体软装是一种新兴的跨行业产业，设计师需要在多种边界因素的约束下进行整合设计。因此，一个好的软装布艺设计师除了要有较好的哲学、美学素养，还应该善于优化各种技术资源和设计方法，在有限的空间和众多边界条件限制下，协调各种关系来完成创新设计，营造符合各类人群需求的家居空间氛围。

软装布艺设计在中国的流行，一方面是因为这些风格流派包含着各自特有的文化背景和生活艺术理念，受到现代消费文化的映射，与现代消费理念形成种种对应；另一方面，适应了中国持续发展、城市家居条件不断改善的大趋势，同时，又契合人们居家审美和精神的追求。它既是当前家居装饰行业蓬勃发展的生动写照，又将指引中国家居设计产业未来发展的路径。

第二节 软装布艺的分类

软装设计涵盖家具、灯具、布艺、装饰品等多个类别，其中，布艺的占有面积可以说是最大的，例如墙纸、地毯、窗帘、床品等都是空间中的视觉重点，因此选择合适的布艺产品，在软装空间的配搭中起着举足轻重的作用。软装布艺用于不同的空间，实用性与装饰性各有侧重。别墅、酒店、餐厅的软装布艺既要好看，还要有实用性，例如酒店中的床上用品，既要考虑其款式，还要考虑到顾客使用的舒适度，又能经受反复多次洗涤不易损坏的要求。样板间、展厅等空间中的软装布艺，则侧重于装饰性，其用料和款式较少受到使用功能的限制，样板间里的床上用品，多数采用涤纶仿真丝面料，其装饰抱枕也常见钉珠、刺绣等繁复的工艺。室内软装设计的重点空间是起居室、卧室及餐厅，对应的布艺产品有窗帘、床品、餐桌用纺织品、墙纸、地毯及小家纺类。每一品类的用料、制作工艺、款式要求等都有所不同。因此，了解软装布艺产品的品类、功能及材质特征等，对于软装设计师而言十分有必要。

一、帘幕

（一）帘幕的分类

软装设计中最常见的帘幕有窗帘、隔断帘、帘帐等。

1.窗帘

软装中用量最大的布艺类产品就是窗帘，尤其是拥有整面落地窗的别墅、酒店空间。窗帘可起到挡尘、遮挡阳光、遮蔽视线、保温、隔音等作用，是居室内不可缺少的物品。窗帘可分为垂挂式窗帘、升降式窗帘（罗马帘）及百叶窗（非面料材质）。

窗帘的材料以化纤面料居多，由于经常被阳光照射以及受潮，天然面料容易出现霉点及虫蛀，而化学纤维经过加工处理，可以防止此类情况发生。窗帘由于是悬挂于墙体上的，不像床品与人接触较为密切，因此在材料及工艺的选择上相当广泛。大提花工艺织造而成的面料是最常用于窗帘的，大提花织物既有丰富的图案及肌理装饰效果，还可以通过工艺织造出立体感。提花织物窗帘适用于欧式风格和中式风格的室内。此外，印花工艺装饰的面料也是较为常见的，从印花工艺衍生出的烂花工艺及植绒工艺也大量应用于窗帘面料中，烂花工艺可以做出半镂空效果的窗帘和窗纱，植绒工艺可以使窗帘面料上的图案更为立体。近年来由于机器绣花工艺的成熟，大回位图案的绣花窗帘也十分流行。

垂挂式窗帘款式丰富，有明杆式、隐杆式、帘盒式等。升降式窗帘也称为罗马帘，有平面式、倒扇式、水平折叠式及灯笼式等。与窗帘配套的帘杆及帘栓等配件，也是其重要的组成部分。设计师应根据不同的空间风格选择不同的窗帘款式及对应的帘杆、帘栓等配件。

百叶窗作为非织造类材质的窗帘类型，多数用于居室阳台及办公空间。百叶窗分为横片及垂直片，有手动及电动，通过自由调整叶片的倾斜度而达到遮阳透光的目的。常年气候较热的区域喜好使用此类窗帘，透气性好，也便于清洁。

2.隔断帘

隔断帘一般是用在大空间的室内，用于分割区域、遮挡视线及空间装饰。软装设计中，使用到隔断帘的空间包括别墅、酒吧、餐厅等。隔断一般不用于遮挡阳光，主要是装饰和分割室内空间，因此其类型众多，所用材料范围广。常见隔断帘有线帘、珠帘、金属帘等，线帘是使用绳索类线材并排而成的垂直悬挂帘；珠帘则是用线穿成一条条垂直串珠构成的，人们可从中自由穿过，既能分割空间，又不会让空间显得狭小和拥堵；金属帘是用金属细圈拼嵌而成的隔断帘，虽然是由铝、黄铜、不锈钢等材质制作，但却有着丝绸般的滑面效果及闪亮的光泽。

3.帘帐

帘帐是指用于床四周围合起遮挡作用的面料，例如床幔及纱帐。传统欧式风格卧室中的床带有篷盖，床幔从篷盖上垂下，将床与外界隔绝，使床成为一个舒适安全的闭合空间，显得雍容华贵。现在较少使用如此体积庞大的床幔，转而在床背的墙面上或者床顶部的天花板上做一个简单轻巧的床幔架，大多作为装饰用途。纱帐多见于东南亚风格的卧室空间，有阻隔蚊虫及湿热空气的作用。四柱架子床上披着白纱帐，是热带风格室内空间的一个特色装饰。纱帐不仅用于室内，在一些热带风情的度假酒店，设计师将架子床及纱帐作为户外空间的装饰，也是一种巧妙的运用方式。

（二）窗帘基本结构

在众多帘幕类纺织品中,窗帘的结构是最为复杂多变的。一套窗帘通常由以下部分构成。

1.帘头

帘头在帘的顶端，是起装饰作用的部分，有水波帘头、平脚帘头、帘头盒等形式，常见于古典风格或者田园风格的窗帘款式中。带有帘头的窗帘看起来较为华丽，例如简约及新古典装饰风格的室内，使用波浪式帘头及带有流苏的帘头，让窗帘与室内的装饰更配套。而在简约现代的室内风格空间中，使用水波帘头等款式则会显得烦琐突兀。现代风格的空间要避免使用复杂的帘头，常用简单的明杆或隐杆式垂挂帘、百叶窗、卷帘。

2.外帘

外帘主要有垂挂式窗帘及升降式窗帘，依据安装的方式，可以分为明杆式垂褶帘、隐杆式垂褶帘、隐装式、轨道式等。外帘一般使用的是半透光或不透光的较厚面料，如需要完全遮光效果的，则会在外帘内侧附加遮光帘，也有些遮光帘是直接复合在外帘背面的。较为寒冷的地区，外帘十分厚实，为室内保温；热带地区则使用较为轻薄的面料，或者采用竹帘、珠帘，甚至直接使用纱帘。没有帘头的窗帘只有外帘，因此外帘直接悬挂于帘杆上。挂帘的方式有打孔穿杆式、绑带式、挂带式、帘杆穿通式、挂钩式等多种固定手法，这些固定手法同时也是一种装饰手法，帘杆、帘钩、五金配件，以及不同的固定方式使帘身形成不同的褶皱纹理，给人们不同的视觉感受。

3.内帘

内帘也称为纱帘、窗纱。窗纱也有垂挂式窗帘款及升降式窗帘款，例如灯笼式罗马帘窗纱，窗纱的轻薄外观，更适合制作这类款式的帘。窗纱一般为半透明纱质面料，通常与外帘搭配使用。窗纱的材质有棉纱、涤纶纱、麻纱等，多数以平纹织造，轻薄透气，起遮挡视线及装饰的作用，并不遮光。

4.帘杆、帘带与帘栓

帘杆、帘带与帘栓这三类物品主要是用作窗帘的配件，帘杆用于悬挂外帘和内帘，帘带和帘栓则是用于掀起窗帘后的固定，两者通常搭配使用。帘杆的样式有多种，根据窗帘风格的不同有多种选择。一般帘杆两侧不带装饰头而只有一个简单封口的多为现代样式，主要使用黑色和白色；而帘杆两侧带有装饰头的多为古典样式，多见铜色、黑色、白色、玫瑰金色或金色。

（三）窗帘的测量及尺寸

窗帘是软装布艺中极为重要的组成部分，因其占有空间面积较大，而且是较为显眼的装饰部分，尤其是落地窗的窗帘。因此，设计师必须了解不同窗帘的功能，以及装饰细节带来的风格变化。国内建筑对窗户没有一个既定的标准尺寸要求，因此市面上的窗帘较少制成成品出售，基本上都需要进行定制。在定制窗帘之前，需要测量窗户以计算窗帘面料的用量。下面以帘杆式的窗帘面料计算为例。

1.确定窗帘的宽度

首先，以窗框为基准，测量窗框宽度后，应该加上窗户两侧各15～20cm的长度，确保窗隙无漏光。其次，该数据还需要加上窗帘面料皱褶的量，因为制作完成的窗帘不是平挺的纸片状，而是有些许波浪状起伏皱褶的。这个皱褶的量一般简称褶量，2倍褶量是稍微有点起伏，3倍褶量是较明显的起伏。以2m的窗框宽度、两侧各预留15cm、3倍褶量为例，其窗帘基本用料是（15cm×2）+（200cm×3），此外还要加上窗帘两分片两侧卷边收口的用量。

国内面料商生产的窗帘面料一般为280cm定宽，280cm一般作为窗户的高度方向，因此，只要窗户的高度不超过250cm,窗帘的面料用量按量裁剪即可。国外进口的窗帘面料一般是145cm定宽，因此，面料是按照窗户的高度进行裁剪，但当窗户宽度较大时，幅宽方向需进行拼接。例如窗帘最终需要5m的面料，使用进口面料时，需要用3.5幅145cm宽度的面料进行拼接，才能达到5m的宽度。

2.确定窗帘的高度

落地窗帘一般从帘杆处垂下，一直到距离地面1～2cm处。帘杆一般安装在距离窗框上方15～25cm的位置穿通帘身，测量的位置是从帘杆的上沿一直到距地面1～2cm；挂钩式的帘身，测量的位置是从挂环的底部一直到距离地面1～2cm处。此外还要加上窗帘面料上下两侧卷边收口的用量，为了美观，窗帘下侧还有10～12cm折入的缝份。

二、床品

（一）床上用品的分类

无论是酒店、别墅还是样板房，卧室的主角是床，卧室空间中最不可缺少的装饰则是床上用品。床上用品除了与人们的睡眠息息相关，在软装设计中还起着体现品质感和品位等级的重要作用。床上用品包含抱枕、靠枕、枕头、被套、被单、被子、毛毯、床单、床笠、床裙、床罩、床盖、席子等众多类别。普通家居中最常见的床上用品是四件套外加部分单件（如毛毯、席子），四件套是双人床中最为基础的床品产品，包含两件枕套、一件被套、一件床单。软装设计中，最常见的床上用品则在四件套上，增多了一些丰富的类别，例如靠枕、装饰枕、床披、床旗、床裙等。

由于厚薄不同，被子也分为好几种，被套内装入厚重的真丝、羊毛或羽绒被芯，可以用于冬天的睡眠保暖；装入薄片的被芯，则被称为空调被，用于夏季的睡眠保暖；还有将被芯及被套用绗缝的方式缝合的称绗缝被，绗缝被一般都较薄，有装饰的效果；或者被套内有夹层绗缝棉的被套，可以在夏季当薄被使用；冬季则装入厚被芯当厚被使用；此外还有拉绒毯及毛线编织毯，既可以用于床上，还可以作为休闲毯用于沙发上。

枕头也有很多类别，从摆放的次序来看，最靠后的通常是靠枕，靠枕是人们半躺在床上看书或者聊天时可以凭靠的枕头，通常呈方形，而且体积较大；靠枕再往前则是睡枕，睡枕供人们睡眠时使用，通常为长方形；此外还有供双人床使用的长枕，长度是普通睡枕的两倍有多；睡枕之前通常会放置一件或多件方形、圆形、筒状等造型各异的抱枕，抱枕是用于装饰的，也供人们怀抱取暖等，抱枕尺寸及造型很多，一般方形抱枕比睡枕及靠枕略小。

被套用于装入被芯，在人们睡眠时有保暖作用。

被单是指夹于被子与使用者之间的单层纺织品，在西方家居中使用较多，国内则在酒店客房床品中最为常见，起到隔离被子与使用者的作用。由于被单只是一层片状纺织品，比被套更易于更换清洗。

床单、床笠，是披在床垫之上的，可以保洁及便于拆卸清洗。床单一般为片状，铺陈在床垫之上，余下部分自然下垂或者掖入床垫底下；床笠则是把床单四角缝合制作而成，四角带有橡皮筋，像一个立体的套子，可以直接套在床垫之上，比床单的使用更为方便。

床裙是用于床单或床笠之下，围合于床的周围，遮盖床裙床脚部分的装饰纺织品，主要遮盖床的左右两侧及床尾三个面。

床罩是从床面铺陈到床脚，用于床垫的保洁及便于更换，是结合了床笠及床裙的功能组合而成。床罩通常分为上下两层，上层为床笠造型，四角有缝合定位，下层有床裙装饰，也有的床罩是从床侧自然垂下，分有多层荷花边装饰，内部有床笠。

床盖尺寸比一般的被套要大得多，在白天可以覆盖整张床，包括上面的枕头及被子等，用于遮挡灰尘。

（二）床上用品的一般尺寸

床品尺寸主要适用于120cm（宽）×200cm（长）的单人床，或150/180/200cm（宽）×200cm（长）的双人床。国内床品尺寸尚未统一，每一品牌均有不同。软装设计中，也常常根据床的尺寸定制相应尺寸的床品。

市面上所出售的枕头尺寸相对统一，在选择填充芯时也较为简单。除了根据款式需要定制以外，尺寸没有太多的变化。

三、地毯与地垫

酒店、会所及餐厅等软装项目中，地毯是一个重要的门类，在公共空间使用地毯，不仅能美化环境，营造气氛，最重要的是地毯有吸音作用，在空间内部及走廊铺陈，走动的时候不会影响到其他人员。在一些需要安静、严肃的场所，可选用素雅色调的地毯；在一些娱乐场所、休闲餐厅等环境中，则选用色彩较鲜艳的地毯；在大型的厅堂内，应选择能增强区域感的地毯，突出其引导性的功能；而在较小型的房间内，则要考虑地毯图案的大小所带来的视觉影响。

根据地毯的特点不同，其铺陈方式也各有差异。短毛或花色较为单一的地毯通常铺陈在整个室内地面，而长毛绒或花色跳跃的地毯通常用于铺陈局部区域，例如酒店大堂一般包含了接待区、餐吧区、会客区，这些区域不会以墙体隔断，通常的做法是在不同区块用不同色调的地毯进行铺陈，起到划分室内空间的作用。

除了公共空间的软装项目，一些别墅、样板间内则不一定会用到地毯，需要根据项目所在地区的气候、风俗来决定。气候较为干旱的西北地区和寒冷的北方地区，家居中十分适合铺陈地毯，可以充分利用地毯的各种优势，但在气候较为潮湿的沿海地区以及较为闷热的南方，地毯的使用还是较少。

与地毯相似的布艺产品还有地垫，地毯和地垫由于功能的不同而在材料及样式方面有所区别。地垫一般放置于门口、玄关、卫生间等区域，用于刮除人们鞋底的泥尘和水分，保证室内地面的清洁。材质选择主要为橡胶植绒、椰纤材质及其他合成纤维材料等，表面较为粗糙。地垫一般不会过于花哨，更偏向功能性。

四、墙纸与墙布

墙纸与墙布是最能体现空间个性的布艺产品，从公共区域到私密空间，各种图案及工艺的墙纸都为空间的气氛营造起到重要作用。墙纸所应用的区域是与站立者视角平行的墙面，因此墙纸是图案类型还是肌理类型、是大图案还是细小的图案、是缤纷的色彩还是素雅的色彩，这些因素对人们感知空间都会产生直接的影响。当代墙纸技术已经可以解决防水、易剥落、室内空气污染等众多问题，具有容易粘贴、牢固度高、防霉、防水等特点，让墙纸的应用范围更为广泛，甚至在卫浴间都可以使用。欧式风格的室内（尤其是较为古典的风格）使用墙纸最多，墙纸本身的工艺材质及风格类型也影响到设计师对墙纸的选择。常见的墙纸材质有纯纸、PVC、树脂、无纺纸及天然材料等。近些年来，墙布越来越受到设计师的欢迎，它是由面料与墙纸纸基复合而成。由于其花纹回位较大，长度方向可做到无限长（也就是俗称无缝墙纸的），在软装工程中的应用效果更佳。此外，墙布吸音效果比墙纸好，柔和的面料质感也为其增色不少。

五、餐用纺织品

餐用纺织品是适用于就餐区域的各类纺织品的统称，包括台布、桌旗、餐塑、餐巾、杯垫、椅套、椅垫、酒衣、筷子套等，设计精美而配套的餐用纺织品能够营造愉悦的就餐气氛，为人们的就餐提供更好的环境。

台布既具有实用性，又富有装饰性，能保护餐桌及增添进餐者的食欲，在软装项目中主要用于中餐或西餐餐厅，田园风格的室内样板房中也会用到。在餐厅内，椅套、椅垫与台布一般都是配套的，在色彩和面料上形成呼应，在西餐吧或会所餐区内，每个座位还会配搭以抱枕。餐垫及桌旗既能装饰餐桌，又可以隔热，防止较热的物品对餐桌造成损坏，是软装项目餐用纺织品中使用最多的类别。无论是餐吧、样板房餐厅还是酒店餐厅，根据软装项目的风格要求，搭配不同的餐垫及桌旗，常见有棉、麻、竹、草、纸布、硅胶、PVC、PP及EVA等材料。其他小件餐用纺织品，如杯垫、筷子套等，可根据设计师的设计进行选择，并没有太多的限制。

六、其他类别

软装设计中，除了要挑选硬质材料的家具，还经常会接触到布艺类型的家具，如布艺沙发、布艺床头板、布艺坐墩、懒人椅等。此类布艺家具，面料多数是直接固定在家具的硬质框架上，是无法拆卸的，因此在一些项目中，设计师还需要根据需求定制这些家具的造型和表面材料。

其他类别还有布艺陈设品及独立装饰品。布艺陈设品主要指一些装点室内空间的小摆件，这类织物主要包括抱枕、靠垫、布艺灯罩、布艺玩具、织物插花等。这些织物在室内空间只是作为点缀品，但如果使用得当，可以使室内增添趣味，收到画龙点睛的功效。如在儿童房间中摆设一些大型的布艺玩具，可以体现出天真活泼的生活情趣；在客厅或卧室装点一束织物插花或一组织物吊篮、在书房桌边饰上一个织物信插、在餐桌上摆上几个织物杯垫，都能使室内环境增添一点儒雅风格和浓浓的生活气息。还有一些布艺小品是在特定的节日中用于装点室内的，例如圣诞节的彩球、礼物挂袜、生日的彩旗，还有万圣节的南瓜布艺摆件等，此类节日布艺陈设品多用于橱窗及展厅的软装设计中。

独立装饰品主要是指壁挂、壁毯、屏风、纤维艺术等，通常尺寸较大，悬挂起来或者像雕塑一样摆放，尤其在一个较大的环境中能够和空间交融在一起，与小件陈设相比对空间气氛的影响力更大。这些品类是以独立的装饰功能存在的。在人们追求高层次精神享受的今天，这类装饰织物越来越多地被引入室内环境设计中，特别是在宾馆、酒店、娱乐场所、车站、机场、展厅等公共区域，在墙上饰以一幅巨大的纤维艺术品或在某一区域用精美的屏风间隔出一个休闲区，都能使室内显得绚丽多彩，增添不少文化气息。

第三节　软装布艺的基本属性

一、软装布艺的材料

在室内建筑空间设计与装修中，依据软装布艺在装饰中所起作用不同，可以将其组成材料分为主要材料和辅助材料两类。主要材料是布艺产品的主体用料和外层材料，例如窗帘、罩面、桌布等，主要材料为布料，辅助材料则是主要材料以外的所有用料，比如拉链、纽扣、流苏、内衬、填料、角料等。辅助材料根据其具体的使用功能又可以进一步分为实用性材料与装饰性材料两类。还是以上述布艺产品为例，实用性材料主要有拉链、纽扣、填料等，装饰性材料有流苏、吊坠、吊珠、亮片等。

（一）帘幕类布艺的材料

1.窗帘类材料

窗帘根据材料的厚度不同，可以分为薄型与厚型，厚型又可以分为中厚型与厚型。这类厚型窗帘一般都是采用透光或者半透光面料组成的。其原料主要有棉、麻、粘纤、涤纶丝、锦纶丝、涤仿麻纤维、涤仿棉纤维、涤棉包芯纱等。在面料效果的设计中，中厚型主要采用印花织物与提花织物，而厚型主要采用绒类、大提花类和色织提花类织物。正是由于厚型窗帘布料面层才能设计出各类各样的艺术机理，同时通过设计还能展现出立体式浮雕的效果，所以这种材料在装软布艺中最为常用。

在有的室内空间使用要求上，需要有完全遮光的效果，所以在窗帘的设计与制作上可以采用以下两种制作工艺：第一就是在外窗帘的内侧增加一层不透光内衬；第二就是在窗帘主体材料的使用上，采用不透光的提花遮光材料，不加内衬直接作为外窗帘使用。在不同的建筑气候区，窗帘也有不同的使用要求，如在寒冷地区为了室内保温节能的需要，一般窗帘都做得比较厚重，而在热带地区，主要考虑遮阳问题，一般采用较为轻薄的纱窗或者珠帘和竹帘。

窗帘的内帘部分主要采用薄型或者中薄型面料。目前在市场中实际使用中最常见的是纱帘。纱帘的主要构成材料有棉纱、涤纶纱、麻纱等，在表面制作形制上主要是平纹交织，轻巧、透气，阻挡视线，半透光。纱窗按其薄厚上来分，可分为薄型和半薄型，按加工层数上，可以分为双层纱和多层纱。

2.床品材料

床上用品在使用上都是直接与人的皮肤相接触，所以从使用的直观感受来说，舒适性、安全性、卫生性与环保性最为重要。所以在床上用品，如枕套、被罩、床单等的主材构成上大都是以棉、麻、丝、毛等天然纤维的TR物为主，而不使用刺绣、钉珠、烂花、植绒、激光切割等工艺。在一些别墅项目、高档住宅、星级酒店的室内软装中，一般对于床上用品材料使用标准都有严格的品质要求，所以真丝、涤棉在这些项目中都是较为常见的。但是在房产销售的样板间中，对于床品材料就没有过高的要求，只要能从材料形式、花纹、颜色与整体空间的搭配上起到锦上添花的效果就行。所以该类项目涤棉或涤仿棉等材料比较常见。除了床上用品主要物件以外还有如床旗、床披、床盖、床裙、靠枕等产品，由于这些物件没有太多的使用功能，主要作为装饰而用，所以在材料选择上没有特殊要求，一般和窗帘同材料即可。

3.布艺家具材料

布艺家具材料主要指生活家具最外层的包裹面料，比如沙发外罩、懒人座椅外罩、空调外套、洗衣机外罩等。在布艺家具材料的众多材料中，织物类用得最多，这种材料主要是以化工纤维为原材料，包括涤纶、腈纶等。制作工艺主要有印花、植绒、提花、织绒等。由于布艺家具在使用功能上有各种具体的要求，所以软装设计师在具体材料的选择上需要考虑很多的因素和问题，例如座椅、沙发类坐具，在使用功能上要承受人们的坐、躺、靠，材料与家具之间会产生摩擦，所以此类材料必须满足一定的受力和耐摩擦的要求。而且面料不能光滑，光滑的面料容易打滑掉落，编制类布料也不便使用，因为长期的使用和摩擦容易开线，另外绣花、镶嵌、钉珠类面料也不便于使用，因为在使用中一方面体验感不好，另一方面容易伤人。

4.地毯材料

在室内地面或楼面软装材料上，主要有羊毛、腈纶、腈纶混纺或草编。羊毛是纯天然的有机材料，属于高档材料，价格相对较高，尤其是纯手工编织的产品，不仅脚感好、还可以防静电，使用年限长，但是唯一的缺点是保养不好，容易生虫；次一级材料是羊毛与腈纶相结合的混纺，价值中等，样式和颜色的选择性较多；最为低档的是腈纶，这种材料价格最低，但缺点是容易氧化和脆化，使用寿命也比较短。

5.墙纸材料

对于室内墙体装饰中，主要可选择的材料有纯纸、无纺布、PVC、树脂及织物材料等。

纯纸材料主要来源于原生态的树木，它最大的优点是绿色环保无污染，其完成面光滑，主要以印花工艺为主来体现其艺术效果。

无纺布材料同样来源于自然，绿色无污染，可降解，无害是它的主要优点，而且材料价格比纯纸低。由于材料手感非常柔软，所以近些年在家装市场上非常受客户的青睐。无纺布家装建材主要制作工艺有印花、发泡、植绒、珠光等。

PVC壁纸，其原材料是有人工聚氯乙烯合成的，一般都会将PVC材料涂抹在背后纸质胎体上，该制作供应即可以满足材料防水要求，同时还可以增强材料整体的抗拉力学效应。

树脂墙纸，主要为有机高分子材料构成的，其外观质感好，体验感上与PVC很相似。该材料最大的优点就是具有一定的防火性。

织物墙纸，在材料构成及制作工艺上，是由表层与里层两部分材料组成的，表面一般采用棉麻、丝毛等天然纤维或化纤等，在视觉上与体感上能有很好的品质。室内墙体的装饰上，出现最早的家装材料就是壁布，但是原始的壁布主要都是那些天然的皮革、羊毛、天鹅绒，所以价格也十分高昂。直到近些年来墙纸的出现，逐步替代了过去的壁布。这类壁布也仅仅是在高档办公、星级酒店中使用。

天然的壁纸主要是将自然界天然的叶、草、砂、贝壳、羽毛等进行破碎、压缩与重组而形成的。正是由于这类材料具有天然的特征，所以在日本各类装饰的使用中尤为广泛。

6.餐用纺织品材料

餐用纺织品主要是与就餐有关的桌布、座椅套、餐垫等。台布材料品种也很多，有机织大提花台布、色织台布、抽纱台布（包括绣花台布、补花台布）、印花台布、粗支仿麻台布、以纤仿缎台布、经编提花台布、无纺布台布、PVC台布、涂层台布。餐垫主要作为餐桌桌摆的装饰品，在功能上还能起到隔热的作用，他的材料构成主要有棉、麻、竹、草、纸布、硅胶、PVC、PP及EVA等。

7.卫浴材料

一个室内空间设计的成败几乎可以从卫浴间的设计细节反映出来，卫浴间的主要软装陈设有毛巾、浴巾、浴帘等，毛巾、浴巾、浴袍在使用中都是直接和人体接触的，所以在材料的选择上都是优先用纯棉材料。制作工艺为圈绒、割绒或提花。同时由于卫浴材料长时间处在阴暗潮湿的环境中，且使用中也主要与水接触，所以在材料选择上还要重点考虑抗菌、防霉的效果。

（二）软装布艺辅助的材料

在室内建筑空间的设计与装修中，依据软装布艺在装饰中所起的作用不同，可以将其组成材料分为主要材料和辅助材料两类。主要材料是布艺产品的主体用料和外层材料，例如窗帘、罩面、桌布等，主要材料为布料，辅助材料则是主要材料以外的所有用料，比如拉链、纽扣、流苏、内衬、填料、角料等。辅助材料根据其具体的使用功能又可以进一步分为实用性材料与装饰性材料两类。还是以上述布艺产品为例，实用性材料主要有拉链、纽扣、填料等，装饰性材料有流苏、吊坠、吊珠、亮片等。

功能性材料，顾名思义就是材料在具体运用中能够起到一定功能。例如枕芯、被芯、夹心棉等填充物，在布艺产品中起到支撑、定性、保暖的作用。再如羽绒、鸭绒、羊绒等作为衣服、被套的填充物在使用中起到保温、防静电的效果。还有一些高分子人工材料涤纶、腈纶等具有防潮、防虫的使用功效。

其他功能性材料主要包括锁边拉链、纽扣、线绳、内衬等。例如布艺组成部分在进行整体缝合的时候，依据不同的面料、颜色和纹理来确定合适的线绳辅料，虽然只是起到了缝合链接的作用，但是这对产品整体质量与质感有决定性的影响。边拉链、纽扣、线绳这类辅料虽然具有一定的辅助功能，但是如果运用得当，组合适当，同样可以起到一定的装饰、点缀效果。

（三）软装布艺材料的选用原则

（1）材料的成本预算。在装修工程既定的成本控制下，大部分业主都会将更多的资金用在建筑的主体部位或者主要展示面。而对于辅助部位或者隐蔽部位则会选择价格相对较低的材料，以此来平衡资金的使用。在布艺产品的设计与材料使用中也是一样的道理，如带有花纹的抱枕，一般只在其正面进行花纹设计与加工，而另一面则只是采用素色的织物进行补充。如果将抱枕两面都进行花纹的布设，那么不仅成本高，而且款式上也显得笨重与累赘。所以巧妙合理地降低成本，反而可以使产品的材料在设计与使用中更为合理。

（2）主料及辅料的性能。主要材料与辅助材料虽然在用料上有不同的占比，但是两者之间有着缺一不可的关系，尤其是辅助材料，在布艺成品中占有比重很小，如果使用不当仍然会导致产品出现缺陷与质量问题。比如，在布艺产品的材料构成中，既选择遇水抽缩较大的棉布，同时又使用缩水率较低的化工纤维布料，那么在后期水洗后，布料就有可能收缩和变形。

（3）材料与产品的用途。软装设计师在设计布艺产品的时候必须要经过材料选择的环节，所以在材料的选择中不仅仅以外观、造型为标准，最重要的是要根据其具体使用功能来进行选择。比如，在窗帘与门帘的选择上，务必选择下垂感比较好的布料；在床上用品的选择上，要选择舒适度、柔软性较好的布料。

（4）材料的材质风格。材料主要是指构成纺织产品的基本组成元素，而材料风格则是指材料通过艺术加工赋予产品一定的功能和价值。在不同材料的外部感受上，粗犷的纹理，哑光的表面可以凸显出一种自然、淳朴、原生态的感觉；细致的纹理，光亮的表面则凸显出现代、时尚的感觉。虽然织物材料品种繁多，也许很多软装设计师都很难将其记全，但是在具体的设计中，可以通过视觉效果与知觉感受进行选择。所以在软装设计创作中，材料的选择才是设计的核心与关键。

在现代简约风格的装修设计中，常用的设计手法是将大量的装修元素进行减量化处理，而着重将材料原有的质感通过对比、反差、相融进行艺术氛围营造。例如在客厅的软装陈列中，在沙发上摆放粗犷的棉麻抱枕，同时在地面铺上大线条的毛呢毯，这种搭配恰好能与原木色桌椅相呼应。哑光面材料的使用最常见于北欧风格、田园风格及现代风格的家装设计中。

与现代风格相反，新古典风格与欧式风格，以及近现代低奢风格，在材料的使用上更多注重的是丰富化与多样化，其最终目的就是创造出一种奢靡的环境与氛围。这类材料主要运用了大量的玻璃、亮片、大提花织物、天鹅绒等。

（四）常规布料的清洁方法

锦纶：常温手洗；通风阴干，不宜暴晒及烘干；低温蒸汽熨烫，不宜干烫。

聚酯纤维：常温手洗；请勿漂白及干洗；悬挂晾干，不宜暴晒；熨斗底板最高温度110℃。

雪纺与蕾丝：宜在常温下进行手洗，避免机洗。禁止采用带有碱性的洗衣液进行浸泡与清洗。在晾晒上，宜通风阴干，不能在阳光下暴晒。

牛仔：宜进行手洗，并且单独清洗。禁止采用带有碱性的洗衣液进行浸泡与清洗。不宜暴晒；

麻：宜在常温下进行手洗，不能大力揉搓，刷洗。禁止采用带有碱性的洗衣液进行浸泡与清洗。直接与身体接触的内衣避免用热水浸泡，以防止黄色斑点出现。

毛呢：宜在常温下进行干洗，禁止将香水喷洒在衣服上，以免虫蛀。选择中温进行熨烫，经常对衣物进行灰尘清理。

粘纤：宜在常温下进行手洗，不能大力揉搓，刷洗。不能在阳光下暴晒。禁止采用带有碱性的洗衣液进行浸泡与清洗。长时间穿洗会出现起球现象，所以要尽量减少摩擦。

桑蚕丝：宜在常温下进行手洗，禁止采用机洗与干洗。禁止采用带有碱性的洗衣液进行浸泡与清洗。宜通风阴干，不能在阳光下暴晒。

羊毛：宜在常温下进行手洗，禁止采用带有碱性的洗衣液进行浸泡与清洗。禁止采用机洗，不能在阳光下暴晒。长时间穿洗会出现起球现象，所以要尽量减少摩擦。

真皮：如若有轻微的污渍，可以用湿抹布或专用保养油进行擦拭，然后再自然风干。如果皮革表面起皱，则可以通过悬挂自然舒展，或者用低温熨斗进行熨烫。切忌烘干与暴晒。以防止皮革变质、变形和褪色。

羊绒：宜在常温下进行干洗，在干洗的时候避免混入质地粗糙的衣物，以防止摩擦起球。避免长时间穿戴，应间隔存放，以恢复材料弹性。避免接触防腐、防虫试剂，防止变质和褪色。禁止将香水喷洒在衣服上。衣服规整要对称折叠平放柜中，禁止悬挂，防止垂直变形。

纯棉：宜在常温下进行手洗，禁止采用带有碱性的洗衣液进行浸泡与清洗。宜通风阴干，不能在阳光下暴晒。直接与身体接触的内衣避免用热水浸泡，以防止黄色斑点出现。

二、软装布艺的缝制工艺

由于软装布艺产品的不同，所有材料的选择与制作的工艺各有差别。最为常见的制作工艺有印花、刺绣、缝纫、激光、针织、雕刻等。墙纸是众多布艺产品中最为常见的一中，其材料构成主要有纯纸、PVC、纺织物、无纺纸等。制作工艺主要有花、压花、复合及绣花等。

（一）绣花工艺

绣花工艺，指通过人工或机械自动化工艺，将经纬线绳在面料表面的不同方向上穿梭而形成既定图案，手工刺绣属于我国非物质文化遗产的一种，在国内不同区域、不同民族都形成了自己独有的文化特色，最有名的非苏绣、粤绣、湘绣、蜀绣莫属，它们也被称之为中国四大名绣，除此之外还有京绣、鲁绣、汴绣、潮绣、苗绣等。正是由于所在区域不同，文化渊源不同，所以在刺绣方式、材料选取、颜料选取上都有很大的文化差异。我国传统手工刺绣，无论是在质量上，还是在艺术表现上都有很高的标准，自然价格昂贵。目前在刺绣类布艺产品设计与开发中，为了节约成本，一般都会采用电脑编程，机械刺绣的制作工艺。电脑刺绣的最大优点就是不仅可以极大地节约成本，还可以提高效率，而且除了常用的平绣工艺外，还增加了贴布绣、雕孔绣、盘带绣、绳绣、毛巾绣，水溶绣等特种绣花工艺。

平绣是刺绣工艺中最常使用的一种方法，它是用线绳的不同交织与组合来实现既定的图案。

贴布绣在最底层的面料上局部使用其他面料，一般是用平包针收边。

雕孔绣是一般是用雕孔刀在合适的部位进行雕穿，而后用线绳将孔洞进行收边，最终形成镂空状。

盘带绣将形状各异的布带，通过刺绣的方法将其绣在布面上。

绳绣是选取形状各异、粗细不同的线绳，用以进行布品的收边，或者加深图案的轮廓线。

毛巾绣是将布料底线进行放松，而面线收紧，最终使绣面成毛巾状。

水溶绣就是将图形刺绣在水溶纸上，一旦遇见高温，并遇见水后，便会显现出镂空的刺绣图案。

（二）提花工艺

在软装陈设的众多布艺产品中，提花类布品在其中占有很高的地位。由于它具有丰富且多变的纹理，以及优秀的手感，可以说是其他纺织物所不能替代的。在日常生活中，窗帘中的提花类布料是最为常用的。所谓提花织造工艺是指由经纬排列的两组线绳通过人工或者机械按一定的规律交织组合而成的。提花织物根据最终产品表面机理的不同，可以分为小提花织物及大提花织物。

（三）印花工艺

印花工艺是采用颜料烫印、浸染、涂刷等工艺在布品基底或者表面上印出具有牢固度的花纹和图案。相对于布料的整体染色，简单来说，印花就是布料的局部上色。印花技术在我国历史中出现的时间较早，古代就有木版、铜版、滚筒、丝网、镍网等工艺技术，随着科学技术的发展，到今天出现了转移印花及数码喷印技术，所以科技改变未来，目前印花技术已经有了翻天覆地的变化，相信在未来绿色、环保、安全的印花技术会得到不断的开发。

（1）烂花印花。烂花工艺属于印花工艺的一种，当被加工的纺织物由两种不同的化学纤维材料组成时，在使用能够破坏其中一种纤维的印花药物后，会侵蚀掉这类纤维，进而会保留不受侵蚀的组成纤维，所以最终在布艺成品上会出现半是半虚的镂空图案。为此，烂花加工工艺可以制作出各式各样半透明的纱布效果，所以常用于窗帘内帘纱窗的加工与制作。

（2）植绒印花。虽然这种印花在外观上显得更为立体和生动，但是印花的技术原理都相差不大，而且所用设备也大体相同。植绒工艺就是将天然毛绒或人工化学纤维短绒采用黏结的方式在纺织物表面进行图案的组合与拼凑。在具体的工艺流程中，第一步是将产品所需的图案用绒毛进行粘贴，然后用机械缝纫以固定，或者通过静电植绒机将其固定并再次黏合。

（四）绗缝工艺

绗缝在纺织工艺中，就是通过长针的缝合将带有夹层的布品内外固定，并在面层形成一定的图案和形状。截止到今天，在布艺加工中，绗缝除了可以对其进行多层加厚处理外，最主要的功能是给布品面层增添丰富的美观效果。绗缝工艺也分为手工与机器。手工工艺通过精而巧的人工技术，缝制的图案呈现出简约、自然、朴素、温馨的效果，而机器加工则可以完成高难度、复杂的图案，所以成品会显得更为烦琐和复杂。绗缝工艺在图案表现上，主要是通过线绳在布艺上的勒痕与面料蓬松凸起形成的阴阳变化关系。

（五）激光切割与激光雕刻工艺

随着现代化科技的进步与发展，在布艺产品加工制作上出现了激光切割与激光雕刻技术。激光切割就是通过激光释放的微波粒子将布料进行灼烧与融化，形成类似剪纸的图案效果。激光切割可以运用于纱窗、窗帘、床单、被罩等布料产品中，不仅可以精准地进行图案的丝织定位，还可以完美地制作出精美的印花效果。

激光雕刻与激光切割略有不同，它是布品在激光束照射之下，迅速地使材料表面融化与碳化。以此将布品面层形成既定的图案效果。激光雕刻可以通过调整编程来控制激光波长与频率，对于面料的加工与处理并不是直接的切割，而是表面图形的绘制。例如在牛仔服表面上通过激光雕刻，来完成做旧效果，或通过灼烧来完成凹凸的图文效果。

三、软装布艺的色彩

在进行软装设计时，在所有的设计要素中，人们最先感知到的就是色彩。色彩有三个属性，即色相、明度、艳度，对于整个室内的视觉效果来说，色彩的面积不同、色彩元素的组合不同，都会产生不同的效果和影响。在软装布艺设计中，色彩的可比较性是其十分重要的基础。我们对色彩进行搭配的方法多种多样，既可以把浅色系的同一类型的色彩结合到一起，使整体效果变得更加典雅、柔和；一些邻近的色彩也可以组合到一起，整个空间会因此而呈现出一定的跳跃感觉，让其不那么平静死板；除此之外，我们也可以选择一种色彩作为主色调，然后选择少量的对比色对其进行点缀，这样在整体统一色调的基础之上，在局部又会出现一定的变化。在进行室内软装设计时，在营造氛围时有一个十分重要的方法就是对色彩进行一定的组合搭配。

（一）色彩和流行趋势

色彩的种类是非常多种多样的，同时，也有很多种进行搭配组合的方法，在对软装布艺进行色彩搭配时，我们最先要做的就是对市场上关于色彩的实际需求进行宏观层面的了解掌握，而这就需要我们对每年两季的流行趋势进行掌握。一般在一些国际展览中，都会有权威机构针对当年的室内流行色彩趋势进行预测，比如说法国巴黎的国际家居用品展、德国的法兰克福家纺展、美国的高点家具展等，都会对当年的春夏或秋冬两季的流行色进行预测。对于设计师来说，这类预测是十分重要的，设计师在对软装布艺进行搭配的时候，就是以此为依据来进行配色的。除此之外，还有一些研究机构对此进行研究预测，比如说WGSN公司，这家趋势研究机构在全球都是处于领先地位的，每年他们都会预测并发布当年的室内色彩流行趋势，在关于整体家居市场趋势的预测报告中就会包含对色彩趋势的预测，在整体趋势预测里，几大主题中都会对色彩部分的内容进行体现，通过不同的主题在色彩搭配方面的要点来提示商家，下一个季度，哪些色彩是可能会流行的。对于商家来说，进行产品开发时就是以这些预测为依据进行的，同时，商家也会尽可能应和各类展会中进行的色彩预测，就是这样的做法，使得第二年的市场上或者是展会上，有某些色彩会突然蹿红，成为当季流行色，当然，各大商家以及媒体的广泛宣传也对此起到了一定的推动作用。设计师在审美方面的品位以及他们对于潮流的敏感性都可以借助对流行色的运用来进行一定的展示。

分析色彩的未来流行趋势，是一项复杂的工作，并不仅仅是简单地对色彩进行分析，它还应当包括时代审美、季节变化、新的技术以及设计语言等，除此之外，人们的心理受到当下正在发生的事件（包括政治事件、经济事件、时尚界的相关事件等）的影响，以及人们对于未来可能会发生的持续性的影响的相关分析和判断。色彩的流行趋势，是针对各个行业的前沿信息进行综合分析后形成的，除了能够让人们对当季的流行色彩进行了解外，对于当下的社会生活情况也能进行一定程度的反映。举个例子，在时尚界一直有一个说法，一般来讲，经济环境如果比较低迷的话，当季流行的色彩就会比较鲜艳明亮，这主要是因为，人们所处的生活环境如果经济比较低迷，就更需要一些稍微明亮一点的色彩，让生活更加亮丽，当然，这主要是与消费心理相关的内容。

（二）色彩和使用者心理

在宏观上，对于各个品牌的发展来说，色彩预测都会产生一定的影响，但事实上，不同国家和地区的人们在审美上是不一样的，因此纺织品在配套色彩的选用上也是会有些不同的。不同国家和地区的不同文化背景会影响到该地区在家居方面的配色方式，而他们关于色彩的相关定义，也会受到当地的地理环境、传统历史、种族文化、政治力量等的影响。对于不同地区的色彩文化，我们都要给予欣赏和尊重，这对于我们进行设计来说是有着十分重要的作用的。欧洲的大部分地区通常都对同类色的室内纺织品青睐有加，比如东欧地区，就对那些奶油、阳光意味浓厚的次高调同类色的配套纺织品十分钟爱；而西欧的国家在同类色的色相选择上则表现得比较宽泛，在纺织品的色彩搭配中，他们偏爱色相比较明显的中间色调。与欧洲不一样，亚太地区的人们在生活习俗和思维方式方面通常表现得比较发散，这就和西方在用色方面的习惯有很大的不同，在纺织品配色方面，亚太地区的人们通常比较喜爱对比较大的色彩。

（三）色彩和季节变化

在对软装布艺进行配色时，有三点需要特别注意：其一，使用的时间，春夏秋冬四季在色彩上的表现应当有所区别；其二，使用的空间，不同的空间，比如娱乐环境、工作环境或者休息环境，适用的色彩也是不一样的；其三，使用的人群，老年人、儿童、中青年等适用的色彩是不一样的。

在对季节进行反映方面，软装布艺的整个色调的选择是最容易进行表现也是效果最明显的，简单地说，就是我们可以通过对色调进行选择和调整，来对"冬暖夏凉"这一气候特点进行表现。在夏天，天气较为炎热，纺织品使用暖色调会显得比较浓烈，让人觉得炎热、烦躁，不太合适，而如果采用像白色、浅蓝色、淡绿色等明度比较高的清淡颜色或者是冷色调的颜色，就会让人感觉更加舒适。在冬天，天气更加寒冷，如果选用了冷色系的纺织品，浅淡的颜色会让人不自觉地想起冰雪，进而产生寒凉之感，而如果我们选用那些明度相对较低的色彩，或者是选用暖色调的颜色，使用的人心里产生一种温暖的感觉。在秋冬季节，纺织品的选用上最为重要的就是要选择纯度比较低的色彩或者是暖色系的颜色。春秋季节，关于室内的纺织品的色彩选择就比较多样了，但是一般来讲，还是会选择中间色调，既不让人觉得过于寒凉，也不会让人觉得太炎热，尤其是在南方，春秋两季的时间相对比较短，而且季节的变化并不太明显，所以，大部分企业一般只会推出两季产品，即春夏季、秋冬季，通常在色彩的选择上，也只会区分两种色调，即清爽和温暖两种。

（四）软装布艺的色彩配搭原则

1.单一色彩配搭原则

在软装布艺产品中，配色使用的是单一的色相时就称之为单一色彩配搭。当然，这里说的使用单一色相，并不代表全部使用同一色彩而不进行任何变化，我们可以对其饱和度及明度进行调整，使其层次变得更加丰富。使用这样的色彩搭配方法，在视觉上会让人们产生一种优雅、干净、统一的感觉，互相之间搭配得比较和谐，更易让人觉得配套。一个单一色彩配搭的方案是否成功，和设计师对于色相纯度、明度的调配情况，以及对于材质和工艺技术的搭配情况有很大关系。通常，我们都认为黑白灰三种颜色是非彩色，可以和其他各种单一色相进行搭配，而不影响其协调统一。因此，在单一的色彩配搭中，人们一般将黑、白、灰三种颜色与之一起搭配。单一色彩搭配时，因为没有其他色彩进行对比，对于其中的某一个色彩，我们很难进行强调，而整个色相过于单一，会让人觉得有些单调。所以，在实际设计的时候，很好地运用材质可以增加对比性，这是很重要的，就算是同样的颜色，材质是光滑的还是粗糙的，给我们的视觉感受是不一样的。此外，我们也可以选用一些具有对比色彩的小装饰品对家居进行点缀，这不仅能起到画龙点睛的作用，让人眼前一亮，还会使整体显得更加具有层次感。单一色彩配搭这种方法既有优点，也有缺点，在管理方面它相对比较容易一些，而且视觉效果上会显得比较平衡，有吸引力，但与此同时，因为没有对比色，整体会欠缺活力感，很容易让人觉得单调。为了尽可能地使视觉效果不过于单调、沉闷，我们一般会对主色的饱和度、明暗等进行调整，同时在同一用色中，会选用不同的材质进行对比，并增加一些配饰等，使整体感觉更加活泼一些。

2.邻近色彩配搭原则

在对软装布艺进行配色时，同时使用了在色轮上位置比较接近的类似的颜色，就是我们所说的邻近色彩配搭法。通常来说，这样的搭配中会选择一个颜色作为主色，同时辅以类似的一个或多个颜色进行搭配。相比于单一色彩配搭法，这种搭配方式会使整体效果看上去具有更加丰富的层次，也会存在更多的细微变化。同时，因为在整体搭配中选用的色彩所处的色环位置其实是有细微的不同的，因此在整体表现上会出现一些比较微小的冷暖方面的差异。举个例子，我们常常会把大红色和偏冷色调的蔓红色以及偏暖色调的橙红色搭配到一起使用，虽然这几种颜色都属于红色的色相，但在冷暖色调倾向上还是略有不同，将它们并列到一起同时使用会让人觉得更加自然平衡。使用邻近色彩搭配时，我们是在一个统一的大的色彩集合下，将各个不同的产品借助同一色调联系到一起，使其在整体上呈现出统一的效果，但是在一些细微之处，还是会对这种单一的色相进行一定的调整改变，使整体既保持平衡，又略显变化。

和单一色彩搭配类似，邻近色彩搭配也可以使整体呈现出比较统一的效果，同时在细微之处又有些微妙的不同，但同样地，也会有些缺乏活力，不像对比色彩搭配那样鲜明。实际上，我们在使用邻近色彩搭配时，一定要注意不能同时使用冷暖两种色调，同时在色相的选择方面，也不要过于复杂多样，避免出现整体不和谐的情况。

3.对比色彩与互补色彩搭配原则

所谓的对比色彩，就是指在色环中，位置处在相对的两端的颜色，在使用对比色彩搭配时，最优的选择是采用冷暖色对比。从本质上来说，使用对比色彩搭配，就是选用对比度比较高的色彩搭配到一起，二者本身的对比十分鲜明，但实际操作中把两种颜色放在一起后，在接触边缘对比过于激烈，会让人有眼花缭乱的感觉，因此实际搭配时，我们最好把色彩的饱和度调低一些，或者是选择一种颜色作为主色，另一种颜色作为辅助颜色，或者在二者之间添加黑白灰等无色系色彩做间隔。在软装布艺的实际设计过程中，我们一般都会选择一种主色，然后根据需要选择一种或几种对比色做点缀，而不会直接将二者等量对比。

所谓互补色就是指在色环上，位置处于180°对称位的两种色彩，相比于上面提到的对比色彩，这样的两种色彩互相之间的对比更加强烈。有很多不同的组合方式都是从互补色搭配中拓展而来的，比如，分离的互补色彩搭配方法。这个方法就是以互补色彩搭配为基础进行的，在选定一个主色之后，所搭配的颜色是与该主色的补色相邻的两个颜色，在视觉上让人觉得层次感更加丰富了、变化更多了。在分离的互补色彩搭配中，对比感还是很强的，但是因为选用的配色并不是主色的补色，而是补色的邻近色，因此，主配色之间的排斥性就不那么明显了。

在实际进行设计时，很多人都会选择使用分享的互补色彩搭配方法，因为它在灵活性上更强一点，同时，其对比性也没有互补色搭配之间那么强烈明显。举个例子来讲，在室内纺织品的配色上，如果选用绿色作为主色调的话，正常来讲其补色就是红色；但是在使用分离的互补色彩搭配时，我们选用的配色就是橙色和紫红色，其中橙色是红色的左邻近色，而紫红色是红色的右邻近色，这就使得整体的色彩层次看起来更加丰富了。除此之外，在使用这种方法进行配色时，我们还可以对色彩的明度、纯度进行调整，使视觉效果更加丰富。

相比于前面两种配色方法，对比色彩搭配和互补色彩搭配在视觉上都很容易形成焦点，对比比较强烈，能够快速吸引人的目光，但它也存在一定的缺点，即很难在整体色彩上保持平稳和谐。为了尽可能地避免出现不平衡的情况，在进行实际搭配设计时，我们一般会对色彩的使用面积和搭配方式进行一定的调整变化，使这一色彩配搭方式能够更好地得到运用。通常来讲，我们比较推荐使用冷色调的色彩作为主色调，同时辅以暖色调来进行点缀，简单来说，就是在大面积选用冷色调的色彩时，可以在小面积上使用暖色调来进行调节点缀，这主要是因为暖色调会使人产生膨胀的感觉，如果使用暖色调的面积太大的话，在视觉上就会有比较强烈的冲突感，而冷色调则不同，在视觉上会产生一种收缩的感觉，这样二者之间就会显得比较平衡。如果我们选用的主色调是暖色调的色彩的话，那么想要使整体看上去比较平衡，最好是把其对比色调的饱和度降低一些。

四、软装布艺的图案

在室内空间设计中，软装布艺的图案形式对于与空间的整体风格有着决定性的影响。世界各国文明发展都有悠久的历史，各自都已经形成了自身的特色文化，所以在图形表达上也有各自的所属图案。这些图案反映了各自的风土民情、文化内涵等各个方面。

由于图像种类众多，对图案进行科学的分类成了当下学者的主要研究方方向，尽管他们费尽百般心思，但是最终都没有一个完备的分类方案，至此图案也就没有一个严格的分类标准。如此正好也丰富了各类图案的交织与组合，不再受分类的限制。从世界地域区划来看，有埃及图案、希腊图案、波斯图案、欧洲图案、中国图案、日本图案、印度图案、泰式图案、苏格兰图案、北欧图案等，在地域之下还可以根据民族文化的差异进行进一步细分，我国图案形式的大类下还有众多小类，如东北花布类图案、苗族图案、满族图案、藏族图案等。在图案的分类依据上，不仅可以按地域划分，还可以按时代、按构图形式、按图形内容等进行划分。所以室内空间设计师在软装设计中，不仅要了解和掌握各类图案所能表现的寓意和内涵，同时还要再感官效果上进行分析和研究。

（一）花卉图案

在家庭装修设计中，花卉图案在软装的运用是很常见的，而且在室内各类风格设计中都有运用，花卉图案从构图虚实上可以分为实花卉图案和写意花卉图案两种，这两种风格图案都可以在图形上都有着丰富的变化，所以很容易贴近生活。花卉图案可以通过花型的不同、大小、疏密等设计手法来形成不同的图形效果。

花卉图案在具体的艺术表现手法上，具有多样化、多元化和层次化的特点，即有具体的实景效果，还有抽象的写意形象。所以在图文的具体设计与应用上要充分地运用形式美学的构图技巧，以表现出生动活泼的画面。花卉图案在形式表达上还要做到主次有别、组织有序、动静结合，在对立中寻找统一。

（二）动物纹样

在我国传统文化体系中，纹饰图案历来就与文化同步发展和同步演化，龙凤、孔雀、鸳鸯、仙鹤是我国古代常用的图案元素，这不仅在图形表达上具有很强的视觉观感效果，而且能表达一种吉祥的寓意，所以在民间广泛应用。这类动物特性纹饰与花卉相比更具有生命表征性，这也是我国中式装饰常用的图案。在西方国家中，由于文化的差异性，他们所崇尚的图腾都是一些变异的动物图案，并且这些图案都和西方古代神话传说有关。在近现代，尤其是在建筑的室内空间设计中，动物元素的运用十分广泛，比如欧美国家十分热衷于马术表演，于是在后来知名奢侈品品牌爱马仕图标中采用了骑马的图样。在当下各类家居装修与公区装修中，各类兽鸟纹及贝壳海洋生物常见于墙面、家居饰面的装饰与点缀。在装修设计寓意上，动物图案不仅可以表达特定的装修风格，还可以给生活空间带来人与自然和谐相处的绿色环境。

（三）几何图案

在现代设计表现手法中的另一种图形为几何形制。现代主义图文设计为几何图案提供了技术支持。在现代化设计理念中，设计师认为在未来的设计发展中要完全摒弃传统图案，而用全新的绘图技术"点、线、面"给予重新组合。这种设计手法或者艺术理念一直持续到了装饰艺术时期，这一时期，又将完全的几何构图打破，并将传统图案与之有机地结合。经过进一步的发展，这类图案后来发展成为装饰艺术时期的代表和典范。

虽说几何图案的发展和壮大主要集中在近现代，但其实从古至今几何线条或者图案在生活的各个角落早已有运用。例如在我国古代的陶瓷器皿的雕刻中，唐代敦煌石窟的壁画中，基本上都能看到几何元素的巧妙设计。再如，我国传统手工艺术中的织锦，就有六角形、圆形、菱形、回纹形等几何图案。

传统图案与现代几何在构图手法与表现力度、内涵寓意上都有本质上的差异，一般传统图案形式多样，起源于文化与生活，而且手工印记较为突出，而现代几何图案主要运用机械的拓扑元素，所以这类图像主要显现出机械性、规制感、简约的风格，并且在具体的设计中主要采用计算机辅助软件，所以还有一种工业风的感觉。

条格图案也是几何图案的一类经典，在古代手工纺织工艺中，人们其实就已经无意识地掌握了通过色织来编制各类条格图案。由于每个国家以及每个国家的各个区域的文化底蕴不同，进而也存在不同的条格图案。

（四）肌理图案

所谓肌理就是纹理、纹路，主要指人们通过肉眼直接能感知的天然物质的断面、截面及表面的纹理形态。肌理是自然界原生态材料的一种物质表征，具有各类物质特有的形态与标志，如木纹、石纹、水纹、植物纹理等。肌理图形在形象表达上一般都不会呈现具体的图像，更多的是模仿自然状态下的纹理与质感，以此来形成视觉上的冲击与震撼。肌理图像除了以上模仿自然纹理以外，还包括了人为艺术创新的各类组合纹理效果。比如通过点线面在平面上有规律、有节律地交错和交织。再比如将纸进行反复揉搓，然后再平整展开进行整面上色，最后会在有折纹的地方留下无组织的纹理。还有用刀、爪在已刷满涂料的墙体上进行各种形式的剐蹭，最终会形成深浅不一、宽窄不同的随机痕迹。

（五）卡通与动漫图案

带有卡通图案的布艺一般与儿童产品紧密相关，例如孩子的衣服、鞋子、背包、文具等大都带有卡通元素。在室内建设空间设计中，尤其在软装陈设设计中，经常会涉及儿童游乐区、医院儿童诊所、儿童玩具展厅等项目，所以在这类涉及儿童使用功能的建筑中，儿童特色的装饰与装修尤为重要。

五、软装布艺款式

在布艺设计与运用中，除了上述的图案与色彩因素之外。纺织物的形状、样式与款式也是其重要的装饰特征。将布料通过裁缝技术将其制作成具有一定造型的产品，这种个性的形状就是纺织物的款式。例如将两片布料通过缝合形成了一个具有填充空间的抱枕套，以此为基底，可以在其一面刺绣一朵荷花，在另一面则进行镶边与刺字。如此便形成了一个抱枕产品款式。

在布艺产品设计中，通常会有一些常规的表现手法，例如在一些布艺产品的收边设计上，主要有镶边、嵌条、绳边、流苏边、荷叶边、凸缘、绑带等。这些设计手法从古至今经历了很多个世纪，虽然这些传统技术没有改变，但是在不同时期、不同地域、不同文化背景下会产生不同的布艺款式。这些款式收边样式繁多，有荷叶边、单层荷叶边、双层荷叶边、褶皱边、镶珠边、拼接边、镂空边、流苏边等。这些不同的收边款式是根据产品的不同需要，以及设计师的设计灵感而进行选择的。布艺产品在具体的室内装修设计中，与装修的整体风格息息相关，如欧式风格，布艺收边主要采用荷叶边、流苏边、缎带装饰面等款式；而现代风格、极简风格则主要采用滚条边、嵌条边、荡条装饰面等款式。所以在布艺产品的搭配与选择上一定要结合室内空间设计的整体风格。

布艺产品若具有前沿与创新的款式，那么这自然也会对产品本身带来价值的提升。例如一套中规中矩的四件套，且面层装饰为市场上流通最广、最常见的款式，这种布艺的价格一般都比较亲民，但是同样的材质，在布艺面层进行纹理深度处理，同时在收边与点缀上给予细节处理，即使以上两种款式在布料成本上是一样的，但是后款的市场价值必然高出前款很多。这是由于复杂的款式在具备同样水平的工人的加工制作上，需要更多的工人，自然人工成本要高出好几倍，所以最终的产品价格也高出好几倍。所以在不同造价的装修工程中，要结合成本控制选择适宜的布艺产品。

| 第五章 |

软装设计师的自我修养与素质提升

第一节　软装设计师的职业素养与生活体验

一、软装设计师的职业素养

职业素养是每一位软装师在从业之前就应该了解的，包括职业规划、职业技能、职业性质、职业信仰，职业态度、职业精神、职业操守、职业形象和职业礼仪等。正确了解和认识这些职业要素是从事家居软装的重要武器，也是获得客户信任和尊重的重要因素。对于软装师来说，职业形象是其第一张名片，职业礼仪是第二张名片，第三张名片则包括职业操守和职业态度等。

职业素养主要通过后天修养取得，它就像建立在职业精神上的大厦，职业素养越深厚大厦就越雄伟。职业素养并非口头上的夸夸其谈或者想象中的异想天开，它是"职业性质—职业态度—职业精神"的正确认识和日积月累的实践硕果，最终成为由内而外的自然表现。那些在各行各业做出卓越成绩的明星人物都有着优秀的职业素养。

（1）职业规划。对于软装设计师而言，职业规划显得尤为重要，职业规划直接会影响软装设计师今后的发展，因此软装设计师需要制订相对完善、系统、长远的计划，从设计师的职业规划中能够反映出设计师对于软装的理解，更重要的是设计师对于时间的安排。软装设计师在制定职业规划时，首先要在了解软装市场、发展的前提下，对自己有一个全面的认识；其次，发现自身的优势并且充分利用；最后则是全面发展，培养自身的综合能力，让自己变得更加具有竞争力。

由于人的思维、能力存在一定的差异，因此软装设计师在完成家具软装的过程中需要结合自身的实际情况制定适合自己的目标，只有这样的职业规划才能够对今后软装事业的发展起到一定的推动作用。职业规划必须遵循实际情况，设计师不能够好高骛远，需要全方位、多角度地进行考虑，培养自身的意志品质以及良好的职业素养，这样更有利于设计师通向成功的彼岸。

（2）职业技能。被誉为多面手的软装师主要提供专业的咨询和意见服务，帮助客户实现其对家居的梦想和追求，因此需要学习、掌握多方面的专业技能。家居软装的职业技能包括外在技能（如软件操作、产品知识等）以及内在修养（如美学品位、文化知识等），外在技能可以在短期掌握，内在修养则需要长期培养。软装师最有价值的职业技能就是内在修养，外在技能的价值取决于其内在修养的深度。

家具软装行业的提升空间巨大，没有所谓的工作天花板，设计师若想从行业中脱颖而出，必须要不断提升自身的工作技能，因此，职业素养的培养也显得尤为重要。工作技能会随着技术的发展不断发生改变，可能面临更替、升级等问题，而内在修养始终保持不变，家具软装行业对设计师的综合素养有着严格的要求，因此软装师需要不断优化职业技能以及职业素养。

（3）职业性质。家具软装实质上是一个与生活密切相关的行业，这就导致软装设计师成为服务大众的高级职业，因此软装师必须为大众提供优质的软装服务。与其他服务业一样，软装设计师也需要与客户进行沟通交涉并且建立良好的服务关系，而这种关系的建立通常情况下是建立在设计师职业素养之上的，值得一提的是，用户与设计师必须互相配合才能够得到最佳的效果。

家具软装设计师最主要的工作是解决实际生活中所遇到的一系列问题，设计师的设计思路只是最后作品完成的一部分，设计师不能够将自己的喜好以及设计灵感强加给用户。软装师只有凭借自己的想法以及智慧才能够满足客户的需求，得到用户的认可，因此对于软装师而言，不断提升自我与完善自我显得尤为重要。无论是职业素养，还是道德品质对于软装师而言都非常重要，因为软装师更加倾向于脑力劳动。

（4）职业信仰。由于个体的受教育程度、家庭背景、生活状况存在一定的差异，因此职业信仰各不相同，甚至差异很大。有的软装设计师追求相对稳定轻松的工作状态，有的软装设计师则是将软装设计视为自己毕生的事业，总之，不同的职业信仰会造就截然不同的工作状态。家具软装实质上属于服务行业，如果软装设计师缺乏服务意识，那么就很难满足客户的需求。

软装师作为服务行业非常重要的成员之一，具有较高的服务意识以及超乎常人的想象力，软装设计师实质上是一个门槛较高并且相对高尚的行业，并不是谁都可以胜任的职业。软装设计师可能不像高新技术产业的开发人员那样具有高薪资、优待遇，但是软装设计师能够通过自己的想法及智慧赢得别人的认可。客户的认可与称赞对于软装设计师而言实质上是一种无形的财富，但这也要求设计师需要具有较高的职业信仰。

（5）职业态度。设计师的职业态度直接会影响其设计效果以及服务质量，因此软装师必须树立正确的服务意识，培养积极向上的职业态度。只有当软装设计师具备良好的职业态度，才能够更好地完成软装设计并且为客户提供更为优质的服务。由于家具软装的行业性质导致了软装师必须具备良好的服务态度，这直接会影响客户对产品的看法。

面带笑容、热情服务作为最为基本的职业状态，软装师必须时刻准备并且能够快速调整自己的情绪，无论是各种顾客，软装师都必须坦诚相待、微笑服务，绝不能爱答不理、漫不经心。在与客户交谈的过程中，要注意眼神交流以及语气语调，不能做与业务无关的事情，要注重客户的感受。而这都需要软装师在平时养成，从一言一行中端正自己的工作态度。作为一名真正的软装设计师，需要从全方位、多角度提升自我，端正职业态度、树立职业信仰。

（6）职业精神。在软装行业，通常情况下可以将软装师分为热爱、敬业、喜爱、安于现状四种类型，对于安于现状、不求上进的人而言，根本算不上喜欢以及热爱，他们更倾向于挣高工资，谋取各种福利；而对于真正热爱这个行业的人而言，他们会将自己的心血、时间投入到事业中去，不追求功名利禄，更多的是对于行业的热爱与追求，努力为此行业贡献自己的一分力量。职业精神与职业态度一样，都会直接影响软装师的工作效果，对于众多没有追求以及目光短浅的人而言，很难得到进一步的提升。

下面就体育赛事而言，众多球迷喜欢看球赛的真正原因并不是体育本身的内容，更多的是体育竞技者的竞技精神，对于运动员而言，这种竞技精神就是他们的职业精神。职业精神对于个人今后发展会产生深远的影响，而职业精神的培养必须建立在对职业有全面、深入的认知基础之上，除此之外，个体还需要具备一定的意志品质及自身修养。回首过去、放眼未来，我们不难发现生活中充满了众多值得我们学习的职业精神，软装师也不例外，他们也需要培养一定的职业精神，不断完善自我。

（7）职业操守。所谓的职业操守实质上是指行业对于个体的最低道德底线，任何人都不可以触碰，公司的整体情况离不开每一个员工的努力，员工的状态直接会影响企业的发展。职业操守在公司发展过程中扮演着十分重要的角色，因为要维护企业形象可能需要付出巨大的努力，而公司的良好形象很容易被推翻，员工的职业操守就显得尤为重要。

软装师因为是一个服务性质的行业，因此每天需要面对众多的顾客，而顾客的性格、需求、素养各不相同，因此软装师必须具备一定的职业操守，才能够更好地服务客户，满足客户的要求。职业操守还与敬业精神密切相关，只有那些真正具备职业操守的员工，才会形成敬业精神。众多数据显示，凡是能够在某个领域取得重大突破的人物均具备良好的职业操守。

（8）职业形象。家具软包实质上是一个相对综合的行业，既属于服务领域，又属于美学领域，就行业性质而言，软装师应当注重职业形象，除此以外，内外修养也显得尤为重要。软装师避免不了与客户不断进行交涉，因此软装师的表现以及形象代表的就是整个企业的形象，软装师的穿着必须得体，行为举止端庄大方，不能够穿一些奇装异服等。软装的色彩、图形等相关元素，软装师必须精心准备，绝不能敷衍了事。

软装师绝大多数喜欢个性的着装，这是为了区别于别人，张扬自己的个性，彰显自己对于艺术的独特见解，软装师通常情况下具备良好的精神风貌，他们也十分注重自己的形象，为了能够给顾客留下好的印象。外在形象固然重要，但内在修养更加重要，与顾客在沟通交流中，坦诚相待、面带微笑、职业操守、职业信仰都十分重要，只有这样才能够建立互利互信的良好关系。

（9）职业礼仪。我们国家是文明古国，礼仪之邦，古代的人们很早就开始重视文明礼貌，所有涉及服务的行业，职业礼仪都扮演着十分重要的角色。软装设计师不仅需要了解国外的风土人情以及文化背景，还需要在与客户交互的过程中端庄大方，有涵养、讲礼貌。虽然上述反复强调软装行业属于服务业的范畴，但是软装师必须具备自己的思想以及看法，不能够被顾客牵着鼻子走，卑躬屈膝大可不必。

职业礼仪所囊括的内容众多，不仅仅是指软装师的穿着打扮、行为举止，更倾向于强调内在修养，谈吐优雅、着装得体，这样才能带给客户更为优质的体验。当然，软装师的语音语调也需要特别注意，语音语调要能使他人感到轻松、自然。总的来说，软装师的设计灵感以及想法智慧占据主导地位，但是职业礼仪、形象、精神等也不容忽视。

二、软装设计师的生活体验

软装师首先是一名生活家，然后才是一名设计师。生活家需要亲自参与生活中的柴、米、油、盐，体验生活百态的酸甜苦辣，认识、理解和感悟家庭生活的具体内容与真实含义。家居软装的要素和概念均来源于真实生活，生活创造了软装，可以说一个人对家庭生活的理解和感悟有多深，他对家居软装的理解就有多深。

空间里如何通过软装来表达和增进家人之间的亲情是软装师永恒的课题，围绕这个课题将是一场无休止的修炼。"以人为本"不是一句口号，而是需要通过真心的体验和真实感受才能悟出的道理，这些体验包括家居体验、手工体验、种植体验、住宿体验、产品体验、沟通体验，社会体验和自然体验等。软装师需要养成站在客户角度为客户着想的习惯，培养自己的爱心和责任心，并形成自己的职业准则。

（1）情感体验。家庭是人们成长的起点，人们对人性、亲情、生活的理解，最初都来自家庭，可谓影响极大。家居软装与人的生活空间有着密切的联系，因此也离不开人的情感。情感体验是情感心理学的内容之一，这种体验活动是由感性带动心理而来的。家居软装这项工作既充满了创造性，也要带着丰沛的情感，要让空间里带着丝丝温情。软装师的情感大都来自自身的家庭背景和成长经历，因此对于软装和情感之间的关系也要好好考虑。

人有着丰沛和复杂的情感，人们所处的室内外环境会对情感产生相应的影响。室内环境的重点就在于家具软装，因此软装师要给予足够的重视。空间主人可能会因为一盏灯具、一块窗帘、一把椅子而产生情感上的波动，所以家居软装既要让视觉得到美化，产生愉悦的心情，也要产生情感上的共鸣，发挥治愈的作用。

（2）家居体验。家居生活没有统一的标准，也不存在高低对错之分，完全是以个人喜好为准。对于家庭生活来说，每个人都有不同的认识和理解，这些感知和理解需要软装师自行培养，应对生活有足够的体验并真正地热爱生活。热爱生活并非喊喊而已，也无法通过他人的理解和认识实现，软装师必须真正地参与到"锅碗瓢盆"的生活中去，才可以说自己是一名货真价实的生活家。

家庭生活永远也少不了亲情，这是整个家庭存在的基础。它需要一家人共同的培养和呵护。滋生和培养亲情的空间应该得到软装饰的重点关注，细心地观察这个空间中的家庭成员。但也要明确自身职责，将一个充满乐趣的共享空间提供给家庭，增加彼此间的亲情，而不只是单纯地达到功能和美观上的要求。例如"打造出一方你喜欢称其为家的空间"是《创意灵感》栏目的口号，这档栏目来自宜家，其中有很多建设性的意见都极具参考价值。

生活千滋百味，但"家的味道"是无比温馨的。空间主人自身携带的气质成了家居软装的魅力所在，而每个人对生活产生的不同态度则成了生活的滋味。吃饭只是家庭烹饪的原因之一，更重要的是食物中蕴含的爱意，亲情是怎样在烹饪中越来越浓烈的也是软装师要关注的重点，这可以帮助他们对软装有进一步的理解。

现在的烹饪并不再是简单的做饭，它是生活中一项重要的内容，可以尝试新的口味和食谱、选择餐桌摆放方式、享受各种健康美味的食品等，家庭烹饪中隐藏了不少的生活乐趣。而烘焙各种食品更是一项充满乐趣的亲子活动，全家都可以参与进来，孩子既可以享受到劳动带来的乐趣，也可以共享劳动成果。

家庭生活中必然少不了一些闲情雅趣，这些都是一些个人爱好，例如抚琴、下棋、养鸟、养鱼、养花、品茶、阅读、品酒、画画、娱乐和收藏等，可以让生活更有滋味。软装师也可以培养一些自己的爱好，增加自身的内涵，对生活乐趣有进一步的认识与理解，而非只是简单地为了附庸风雅。每一个闲情雅趣都有自身的长处，例如书画可以修身养性，增加领悟能力；下棋可以使思维更加敏捷，增加自控力；阅读更可以开阔视野，软装师在阅读的过程中可以不断地思考和求证，这样可以有更多的收获。

（3）手工体验。闲情雅趣中也包含了手工制作，但这里的手工制作指的是由家长和孩子共同参与的，这不仅可以让孩子的动手能力得到提升，还可以充分发掘孩子的想象力，增加创造能力。家庭手工有着非常多的项目，尤其是废物再利用，通过手工让废旧物品有了新的利用价值，装点家居，还能让孩子意识到环保的重要性，同时增加创造能力。

促进亲子关系、加强认知能力、增加耐心、增加生活乐趣、培养自信、增强手脑协调能力等都是与孩子共同参与手工制作的益处，同时这也会让软装师收获颇多。不少手工产品既有实用性，又有观赏性，可能会不经意地成为孩子的某种兴趣爱好，为他们指明未来的方向。

（4）种植体验。人与自然可以依靠栽种绿植拉进情感，若软装师可以与孩子一起栽种辣椒、香草和小番茄等植物，不仅能够让孩子增加感知自然的能力，还可以享受到栽种带来的乐趣。软装师要对这种环保装饰物有充分的了解和认识，特别是芦荟、绿萝、吊兰、虎尾兰、白掌、常青藤、燕子掌等可以降低甲醛含量、净化空气的绿植。

空间会因为绿植而充满生机，这不仅可以产生视觉上的美感，还可以调节室温，每个空间都适合使用，绿植还可以帮助人们舒缓心情，释放压力，将自然的气息带到空间中来，人们可以从它的身上感受到太阳的能量。花园和庭院并不是必需的，但可以让阳台中长满一片绿意。栽培绿植主要是为了让人们对自然植物有更多的认识，其大小和多少都不是重点。

（5）住宿体验。民宿、酒店、农家乐、汽车旅馆、出租房、度假村等都会被人们进行感受，这些住宿体验各有千秋，酒店的缺点到了民俗那里没准是优势，度假村的不足之处没准是家庭旅馆的特色等。每种住宿形式都是当地生活方式的反映，软装师不仅要享受服务，还要去感知人与居住空间环境之间所属的关系。

对比和分析各种住宿方式，去体验类似于家居空间的住宿形式，观察其设计细节，及时记录，还要结合环境思考这些现象是因何形成的，养成随时思考的好习惯。

（6）美食体验。文化中少不了美食，通过美食可以对地方人文特色有更快的了解。中华美食拥有千年的文化，世界各地美食也各有所长，可以相互借鉴和学习。人们对于美食的追求是一种智慧的体现，也是对生活品质提出的要求，需要仔细地琢磨。美食的制作过程应该被软装师详细了解，不仅要知道烹饪所需的食材、辅料和工具，还要了解烹饪所需的方式、礼节、仪式和程序，甚至是用餐环境的家居、色彩搭配等，这样才能对生活有进一步的了解。

软装师可以不是一个美食家，但要对传统美食文化有一定的了解和认识，同时也要对健康饮食理念有所涉猎。

（7）产品体验。家居软装最重要的就是要以人为本，它并不同于舞台布景，家居用品在发挥实用功能的同时也要足够美观。推荐家居用品是软装师经常要做的事，这时要考虑的因素不仅有价格和外观，还要考虑产品的舒适度、品质、功能、安全性和便捷等因素，要在试用的同时对其进行仔细的检验和观察，可亲自到工厂参观软装产品的生产过程，对纺织产品的耐磨程度、透光性、亲肤度进行测试，对单方面介绍持一种怀疑的态度。

家具的安全和品质是软装师尤其要注意的，应该会鉴别各种家具，例如贴皮家具、实木家具和纯木家具等，对家具的表面处理方式、组合方式、所用材料和内部结构进行细致的检查；亲身试用床具、椅子和沙发等家具，感受其舒适度和安全性，鉴别其品质，检测其甲醛含量是否在安全范围内；检查灯具的质量、材料和开闭方式，尤其要注意眼睛是否可以适应灯光的强度等。

（8）沟通体验。家具软装这门行业少不了与人打交道，因此软装师要和人进行良好的沟通和交流。倾听、表达和争辩都属于沟通能力的范围，能够体现出一个人的整体素质。一个人能够夸夸其谈并不能说明他是一个会沟通的人，应该将自己的专业知识和能力用有说服力的语言表达出来，让对方觉得非你莫属。后天的训练例如勤沟通、多交流、多看语言类的节目、培养阅读习惯等都是可以提高沟通能力的。

而倾听则是软装师最先要学会的，因为倾听要重于表达，只有对客户需求有充分的了解才能提供高品质的服务；其次，在表达上要准确而清晰，提前做好准备，有明确的思维；最后还要对沟通目的有准确的掌控，做好准备工作，做到一语中的，培养经常思考的好习惯，及时发现和改正沟通中出现的问题。软装师在表达上一定要充满个性，养成自己的个人风格，这样才能让人有深刻的记忆。

（9）社会体验。家庭、学校和社会这三个教育系统是人必须要经历的，而人在结束校园生活之后就会在社会这所大学中学习终生。软装师要积极地参与到社会生活中去，找到家居和社会生活之间有联系的地方，进行深入理解，对家庭、个人和社会所关心的问题、需求以及将来的发展有充分了解。

社会体验能够对自然、家庭、环境、个人与社会之间的关系有更深的了解，此外还可以熟悉社会功能、城市发展进程、健康生活方式以及文化交融等。软装师应该认真了解自己所在的城市，融入到活动中去，在旅行的过程中对当地的历史文化和社会发展进行充分的了解，让自己的眼界更加开阔。

（10）文化体验。文化的概念非常广泛，每个人的理解都会存在差异，但文化要想不断地发展就必须跟随时代的脚步。从广义上来说，家居文化属于民族文化的一部分，从狭义上来说，家居文化则属于家族文化的一部分。时代的不断发展让文化越来越包容，软装师在看待东方文化与西方文化、传统文化与现代文化时应该用独立的思维和思想。

只有真正地去感受和调查才能获得相应的文化体验，纸上谈兵是做不到这一点的。软装师不必精通所有文化，但也要对世界各地的传统文化和现代文化有一定的认识和了解，可以是旅行，可以是阅读，了解文化之间的交融与冲突。

（11）自然体验。飞速进步的人类社会拉远了人与自然之间的距离，软装师应该常常亲近自然，去看看大山大河，欣赏丛林中的花朵，不断发现生命存在的意义。自然才是软装师永远的灵感来源。在体验的过程中认真感悟，积极思考与总结，在自然中释放自己的身心。

"自然学习""自然鉴赏"以及"自然教育"都是自然体验的别称，可以和孩子一起拥抱自然，郊游、踏青、远足，和孩子共同关注自然、热爱自然，体会到自然之于人的重要性，了解保护自然的重要性。软装师可以通过自然体验这堂课获得颇多，在波浪、风声和雨声中去感受万物的呼吸与命运。

（12）绘画体验。软装师通过绘画不仅能够提升自身的审美能力，还可以促进沟通，提升思维，更可以挖掘出自身的想象力和创造力。对意境、空间、景物、环境、人物以及材质、光影、构图、造型、色彩的了解都可以从绘画中获得，从而使软装师可以对心理、情感、环境、生活、思维有更深层次的感受。绘画可以影响一个人的气质和品味，进而对衣着和生活空间产生影响。绘画可以让软装师的色感充满个人特色，利用色彩的特性和变化再加上自身的努力提高整体素养。

绘画可以有很多种表现方式，内容也多种多样，工具可随意选择。软装师无须成为一名专业的画家，只要通过绘画来净化心灵、陶冶情操、提升自身审美能力就可以了。绘画还可以让软装师增加手脑的配合度，对出现在软装设计过程中的问题可以更快、更好地解决。

第二节　软装设计师的思维模式与艺术修养

一、软装设计师的思维模式

每个人都有着与生俱来的思维模式，称作"本能思维"或"常识思维"。在同一个地区生长的人，因大环境一样会造成其思维模式大同小异。作为需要独立思考和创新的软装师，需要有意识地培养与众不同的思维方式，最终形成自己独树一帜的直觉思维能力，这也是软装师的重要能力之一。思维模式决定了职业成长的最终高度，它是与生俱来的先天条件与后天影响的成长环境、教育程度、家庭背景和个人经历等综合因素在成年期长期形成的结果。

思维模式也决定了一个人的最终成就，对于软装师来说，有意修正和改变与他人相差无几的思维模式尤为重要，通过主动思维、开放思维、发散思维和逆向思维的自我修炼，最终形成直觉思维和灵感思维的能力。所以，决定软装师最终高度的有时并非专业知识，而是面对专业问题的直觉和快速反应能力，这样促成他们能更高效地解决问题。

（1）视觉思维。软装师的思维模式和普通人是有所不同的，他们主要是以视觉思维为基础而建立的，其思维引导和想法表达往往都会采用文字记录、涂鸦记录以及思维导图的方式进行。视觉思维有其独特的优势，表现在能够更顺畅地进行沟通，提高了工作效率，并采用任何人都能理解的文字、线条以及图形等视觉语言来进行沟通。软装师要对人们的视觉语言、表达习惯，如情绪版、灵感版以及思维导图等进行培养，同时还要对其思维能力进行整理、思考、收集、分析以及总结等。

（2）主动思维。在成长中不是被动接收他人指令或者灌输而形成的积极主动的思考能力，称之为主动思维，也可以称之为积极思维。可以将人的思维看成一座城堡，除非自己想要有所突破，否则外部的努力是毫无用处的。因此人们在学习和工作中积极地预见、分析、思考、总结和提炼是非常有必要的，这样才能更好地发挥其主观能动性，培养其主动思维能力。

（3）开放思维。对传统的、狭隘的思维模式进行突破，在看待问题和思考问题的时候采用多个角度和多个方位的方式进行，这种思维称之为开放思维，它和消极、孤立、封闭、片面、教条、保守等是相对立的，培养开放思维有利于创新和发展。软装师尤其要注意培养开放思维，如此才能更好地突破传统，激发思维创新。

（4）发散思维。即扩散思维或者辐射思维，是人们在面对问题时需要解决根据已知的信息进行多方位的扩散，以便获得更多的想象力和创造力，而不局限于已有的思维模式中。既定模式的限制对软装师来说是非常不利的，所以需要注意发散思维能力的提升。

（5）逆向思维。即求异思维或者反向思维，它和常规思维是相对的，由此来获取一些具有创新的提案和创意。它突破了墨守成规的约束，也不随波逐流，而是不断地有创新，有突破，所以软装师也要有自己的个性所在，不能完全地随大流，需要通过逆向思维来发挥自己的优势。

（6）批判思维。关于创造力，20世纪著名的爱尔兰建筑师和家具设计师艾琳·格雷是这样认为的：创造前要先对所有既定的问题产生怀疑态度，这也非常直接地表明了设计创意和思维模式的重要联系。对固有模式的思维予以改变的思维称之为批判思维，从而反思自己或者他人的固有思维模式。当然需要具备一定的理性去进行批判思维的培养，而且还要基于逻辑性之上，所以说独立自由的创新精神也是非常必要的。

批判思维可以让人们突破固有思维的束缚，有利于其看待问题的高度和深度的提升。空间主人的个性和魅力从其家居软装中就会有所体现，因此其审美标准和模式也会各有不同。这也就需要软装师批判思维和审美标准习惯的养成和提升，这样才能基于客户需求进行思考，让设计方案更加符合客户的需求。

（7）直觉思维。没有经过任何程序全由直觉而产生的决定、反应和判断等称之为直觉思维，它基于发散思维、逆向思维以及开放思维发展而来，也是对问题进行最直接、最简单以及最正确处理的一种思维方式。它是本能反应的一种，是在面对问题时会自然而然产生的一种想法，为了培养自己的直觉思维，软装师要经过不断地学习和专业训练才能达成。

（8）灵感思维。这和直觉思维有一定的相通之处，指大脑在长期的训练中会受某一事物的启发作用而形成的一种具有一定创造性的思维方式，对问题可以提出创造性的解决方案。一名好的软装师就需要具备较好的独立思考和观察能力，能够进行较好的联想和想象等，这需要其认真地去观察生活，思考事物，为激发创作灵感做好积累和沉淀准备。

（9）感性思维和理性思维。感性思维主要是由人们的情感和冲动所形成的，在思考时完全基于本能和感情；而理性思维则是和感性思维相对应的，是理智和冷静地进行思考和分析的一种思维。如果说感性思维是本能的话，那么理性思维的形成就是经过长期的、客观的分析事物并基于感性思维而形成的。两者思维对设计领域产生了不同的表现和作用，以理性为主的思考则会让结果更加僵硬，但是若是一味地强调感性，则会导致结果华丽而毫无用处。通常情况下女性以感性思维为主，男人则更多地会处于理性思考，像波希米亚风格就是感性思维而形成的风格，现代简约则是以理性思维为主的，两者各有长短，并无准确的好坏区分。

理性思维是基于逻辑思维和抽象思维发展而来的，具有越高理性思维的人，其知识能力也会越高，不会轻易地被其他人的意识和思维所左右，不然则容易受到外界的干扰等。软装师要对客户的思维习惯加以区分，不但要确保创新性和富含激情，也要运用理性的思维和技能去解决问题。

（10）具象和抽象。具象艺术在人类艺术发展过程中来说是过去式，而抽象艺术则是未来和现代的代名词。具象思维的培养需要通过欣赏具象艺术来形成，当然抽象思维则需要电影的抽象艺术欣赏来培养。通常来说，具象思维和感性思维模式是相通的，可以用来鉴赏传统和古典装饰，而抽象思维和理性思维具有一定的相似之处，可以用来鉴赏现代化或者当代装饰艺术等。

抽象思维也可以称之为逻辑思维，指人们在认识和分析事物本质的过程中采用的一些推理、判断和概念，其较为高级，需要以一定的比较分析、综合、推理、概括以及判断等能力为基础。具象思维和抽象思维各有千秋，而且人的思维能力都是各不相同的，所以软装师要根据软装需求的不同来进行两者思维的结合，从而提升综合思维能力。

二、软装设计师的艺术修养

对于被称为"杂家"的软装师来说，艺术修养是一门永无止境的必修课。软装师不仅需要了解和熟悉东西方艺术的流派和名师，也需要了解其背后的故事和时代背景，同时还需要了解那些与软装设计看似无关实则很有关联的艺术种类，比如美术，环境、音乐、舞蹈、文学和戏剧等，有助于丰富和增强想象力和创造力。

世上的事物没有生而知之，只有学而知之，古今中外任何流派的大师成就无不建立在其孜孜不倦的自我修养之上。软装师要像海绵那样吸收各方面的艺术营养，才会脱颖而出。任何艺术"大咖"的言论和文字都是个人的理解和认识，软装师需要不断充实自己的内心，才能形成独立的判断能力和个人鉴赏能力。

（1）中国朽画。国画指中国绘画艺术，其在汉代就出现了，并由最开始的具象发展到写意，这是中国传统文化的一个重要组成部分。人物、山水以及花鸟等都是国画的主要题材和对象，并反映出了人物之间、山水之间以及人和自然之间的和谐共处和友好共生的关系，也对中国古人的人生观和宇宙观进行了反映。国画发展到现在，也出现了各种流派，其表现内容、技法和形式也各有不同，而且对日本绘画也产生了深远的影响。软装师在进行当代家居空间设计时可以巧妙地融合国画精髓，从而形成其特有的文化底蕴，确保其判断能力和鉴赏能力不断提升。

书画是组成中华文化的一个核心内容，它的底蕴来自其五千年的文明历史。最开始的时候，书法和绘画是两个领域，最后结合为一体，便有了无书不成画的经典说法，它是中华民族艺术形式的一个重要体现，为此，软装师也可以以此为切入点来了解和认识中国书画。以前，文人义士都喜欢借由书画来传递自己的情感和仕途不顺的悲愤之情，并将其作为自己精神自由和人格独立的寄托所在。

（2）西方绘画。西方绘画的发展历史悠久，共经历了四个阶段，即古典艺术阶段、近代艺术阶段、现代艺术阶段以及当代艺术阶段，尤其是在19世纪后的印象派成就最为显著。20世纪初，现代艺术开始兴起，它对古典艺术和近代艺术的写实特征进行了突破，并对个人的艺术语言和观点进行了重点关注，从而也可以看出艺术家在艺术追求上的不懈努力和探索，从而形成了各种流派，如野兽派、立体派、未来派、超现实主义、抽象主义、照相写实主义等。任何一个流派的形成都有其独特的精神内涵和时代背景作为支撑。

现在的艺术也被称之为当代艺术，它是结合了现代精神和现代语言并体现了现实社会、环境、文化和生活的一种艺术形式，其发展具有多元化的特征。材料转换、创意、涂鸦、文本、肢体语言、变体、错视觉等都属于艺术语言。为了提升自己的绘画艺术鉴赏能力，软装师应该不断地去对西方绘画的历史和流派进行了解和分析。

（3）雕塑艺术。雕塑艺术在东西方文明中都占据了重要的地位，不管是秦朝时期的兵马俑或者是汉代的青铜器，都是中国雕塑艺术的智慧结晶；而西方美学则以古希腊和古罗马的雕塑艺术为代表。圆雕、浮雕和透雕都是雕塑的一种形式，也就是一种相对立体化的绘画技术，为室内装饰和古典建筑提供了非常重要的装饰作用。现在不但在室内空间装饰中会用到雕塑，而且在室外园林中也随处可见，因此也是现代景观设计的一个重要元素，而且通过融合现代建筑、空间形态和现代雕塑等，让软装师们有了更多的创意和创新灵感，这也值得软装师们倾尽一生去努力学习和探索。

雕塑是属于三维造型艺术的一种，艺术家们通过它来进行情感的交流和思想的表达。古典具象雕塑能够让人们的审美情趣得到提升，而人们想象力的培养可以利用现代抽象雕塑来养成。因此软装师有必要在室内设计中引入环境艺术中的雕塑和空间概念的思考和观察，同时还要将古代宫殿和现代博物馆中的雕塑和空间关系进行探索和思考，从而在室内空间设计中引入花瓶、手工艺品以及其他装饰品，激发空间设计的创意和灵感。

（4）平面艺术。也可以称之为视觉传达设计，即利用图片、文字创造以及符号等来实现视觉的沟通和表现，从而将信息和思想进行传递，在很多二维空间领域如广告、网站、包装设计以及出版中也是常常有所利用的。文艺复兴时期，它就和雕塑、绘画艺术以及建筑一起成为了造型艺术主体元素。平面艺术包括了三个方面的要素，一是创意、二是构图、三是色彩，这也和三维空间领域的软装设计有着很多相通之处，这是源于以静态的眼光来看待室内软装的三维空间其实就是一种二维空间艺术，其美学本质也保持了一致性。

具备基础的平面设计知识是对软装师的基本要求，这样才能在软装设计中合理地利用各种平面设计中的点、线、面以及色彩等，并能够轻松地运用平面构成、立体构成、透视学以及色彩构成的基本原理，而且对其视觉效果的突显也是非常有利的。此外，软装师还需要掌握一定的软件操作等基础工具并具备一定的美术功底。无论如何，软装师应该对周围的商业平面作品具备敏锐的感受力，能够及时地分析和思考，并能够对有利于展现自己公司形象的视觉识别进行创造等。

（5）民间艺术。历史上的民间艺术和宫廷艺术和文人艺术是有所区别的，它是普通老百姓所创造的并满足其个人审美需求和生活需要的一种艺术类型，主要由民间音乐、民间舞蹈、民间戏曲以及民间工美等组成，而且民间工美和传统手工的关系最为密切，不可分割，像泥塑、编织、刺绣、印染、年画、皮影以及剪纸等。很多传统民间艺术故事也被电影导演当成了电影素材，这也是导演的传统民间艺术情怀的体现。

传统文化是根植于民间艺术的，这也是传统文化得以不断流传下来的一个重要原因。随着对传统文化挖掘的重视性的提升，软装师也应该充分关注各种民间艺术，并在室内空间设计过程中加以利用，从而充分体现民间艺术情怀。

（6）陈设艺术。中国陈设艺术历史悠久，其在留存不多的古典绘画中可见一斑。比较有代表性的就是五代十国留存下来的南唐画家顾闳中的《韩熙载夜宴图》。室内陈设艺术在明清时期最为风行，在明末文人文震亨的《长物志》中就进行了详细的记载，而且明清时期的春宫画中也有所体现。通过《韩熙载夜宴图》和《长物志》可以发现，陈设艺术随着时代的不同而呈现出不同的发展风格，这就好比一面镜子，真实地反映了古代文人志士的不同生活方式，也是他们将对世外桃源的追求寄托于亭台楼阁之中的一种体现。

明清时期尤其是晚清时期的陈设艺术保留得比较完整。20世纪初，由于各地不断划分租界地，导致以上海为主的城市文化受到了西方文化的冲击和影响，其文化特色具有一定的海派性，而且迅速地扩散到全国范围。家居软装是和时代紧密相连的一种艺术，软装师要能够有效地进行各种元素的运用，而不能机械地进行复制和重复。

（7）装饰艺术。西方室内装饰艺术具有悠久的历史，特别是在19世纪前，权贵阶层和上流社会对古典装饰非常青睐，比较有代表性的包括17世纪流行起来的巴洛克、18世纪流行起来的新古典风和洛可可等。美国纽约大都会艺术博物馆、费城艺术博物馆以及旧金山加利福尼亚荣誉军团馆等都是非常有名的古典装饰艺术的典范。

19世纪，随着工业革命的深入，中产阶级诞生了，这为中下阶层的家居空间室内装饰艺术的发展和普及创造了有利机会，这也是现代家居装饰艺术的起源。21世纪以来，人们对家庭生活的重视程度越来越高，而且在世界文明和家居文化的大融合交流中，家居软装也开始迅速发展起来。

现在，传统单一的装饰逐渐被淘汰，世界家居装饰的发展也开始趋向多元化，而且其开放性、变化性、丰富性和包容性也更加明显。为此，为了适应现代家居软装的发展需求，软装师更应该能够把握现代家居的舒适性、人文性、个性化和环保性发展的趋势，同时还要把握时代脉搏，促进软装潮流的发展。

（8）家具艺术。家具的发展史在一定程度上也是对人类发展史的反映，也是家居生活发展史的一个组成部分。在家居软装中，家具的作用绝对是非常关键和核心的，因为家具的存在，而让家居生活更加舒适、美观以及实用。东西方的家具在式样上有着非常大的区别，且各有特色，详细来说，中国古典家具经历了从春秋到秦汉再到唐宋以至明清的发展历史，而西方古典家具的发展包括了古罗马、文艺复兴、新古典、维多利亚几个阶段，而且其发展是连续的，没有隔断。从19到20世纪，工业革命的大力兴起，也为现代家具的发展提供了有利条件，并催生了很多世界级设计精英。

家具在软装要素中占据了重要的地位。为此，软装师必须要对中外、古今的不同家具式样和特征进行了解和认识，并对相关的工艺和材料进行把握，这样才能更好地做好软装设计工作。并让软装方案更加有理有据，合理实用。当然软装师对于家具所蕴含的绿色环保特质和文化内涵也要有所了解。

（9）环境艺术。城市艺术、建筑艺术、室内艺术以及园林景观等都属于环境艺术的组成类别，它主要致力于对人和空间之间关系的研究，也是创造出空间氛围和空间形态的主要方式。城市、街道、广场、园林、建筑以及室内空间等都是环境艺术区域设计的内容。通过对这些人造环境、空间氛围、空间性质之间的关系以及对人物行为的影响等进行观察和思考可以发现，环境和人之间的关系是密不可分的，这也是符合家居空间环境氛围营造的理念和要求的。

软装师对环境艺术的认识并非需要通过远行才能实现，只要用心观察自己周边的城市、商场、街道、公园以及小区等，都可以有较大的收获。在这些场合可以静下心来，用心感受，就能获得一些有关的环境艺术的体验和感受。

（10）音乐、舞蹈艺术。舞蹈艺术通过肢体语言来打动人心，并带给人们视觉上的享受，而软装艺术由于其变换多样的魅力也正和舞蹈艺术有着相同之处。当然音乐也是如此，需要通过情感和想象来打动观众，为此，软装师要保持自己丰富的情感和想象力，才能更好地做好软装设计工作。

东方音乐和西方音乐都能够打动人心，不过对人们所产生的审美影响有所不同的。舞蹈是需要舞者通过自己对音乐的感悟并用肢体语言进行表现，同时获得观众共鸣的一种艺术形式。不管是音乐的旋律，还是节奏或和声等，都具有不可复制的特征，舞者只有自己用心感悟才能真正感受到其魅力。而且音乐和舞蹈对人们审美的影响是潜移默化的、长期的。

职业软装师必须要保持自己高雅的审美和品味，多参与一些高雅音乐和舞蹈的活动，这样才能不断提升自己的气质和丰富自己的精神生活。要想成为一名优秀的软装师，就应该在选择音乐和舞蹈上更加苛刻和更加挑剔，自觉抵制一些低级趣味的音乐和舞蹈。不过，不管是古典的还是通俗的音乐和舞蹈，都能在一定程度上陶冶人们的情操，提高人们的审美水平。

（11）舞台戏剧。人类在古老的仪式中创造了舞台戏剧，随着时代的进步和人类文明的发展，舞台戏剧的种类也得到了极大的丰富，包括话剧、歌剧、舞剧、音乐剧以及戏曲等类型，它是通过演员的舞台表演来进行故事的讲述，因此也需要一些舞台布景来进行氛围的营造，我们可以将其看成是电影艺术的起源。中国的传统戏剧是起源于民间的，它是民间文化的一个重要载体，并为民间艺人创造了营生手段。软装师应该对各种各样的戏剧表演进行认识和了解，通过欣赏来对自己的艺术修养进行提升，尤其是一些没有舞台布景的戏剧更能激发软装师的理解和想象力。

戏剧和影视作品具有一定的相通性，它们都是可视艺术的一种，并经过演员的表演来进行情感的表达和故事的讲述等，通过欣赏戏剧，能够让软装师的空间表现力以及理解场景和人物关系的能力提升。而且影视作品和戏剧作品一样，都可以通过视觉来获得情感的表达和主题的呈现，这有利于软装师情感和主题表达能力的培养。

（12）诗歌文学。文学作品和音乐表现有着异曲同工之妙，它们都是无可视艺术的一种，其情感表达都是由文字来传递的，并进行自行的想象和构思等，所以加强阅读是提高想象力的一种重要手段。尤其是软装师在进行阅读时，一定要进行充分的想象，自行构思一定的场景和对话，并产生切身的体会，这样才能使得自己的联想力获得较快的提升。国度不同，民族不同，其文学艺术的表达方式也会有所不同，但是它们的一个共同点就是可以激发丰富的情感世界和视觉语言。

文学作品中一个核心的组成部分就是诗歌，它比长篇小说更加简短、精练，并在人们语言能力和想象思维能力的提升上发挥了重要作用，所以需要加强对其的学习和品鉴，尤其是传统的中国古典诗词，更具备让人细细品味的价值和意义。软装师想要提升自己的空间想象力和文化素质，丰富自己的情感世界，就应该重视对文学作品尤其是诗歌的学习和鉴赏，并对文字表达方式和表达魅力进行把握。软装师可以在空闲时间读一读古今中外的诗词、散文以及小说等，以此来陶冶情操，提升品位。

（13）哲学。世界上包括了各种类型的哲学，不过最为核心的却只有几个，东西方哲学作为哲学类型的代表，之间的关系是不可分割，相互作用的。美学作为一门艺术哲学，有必要让软装师对其进行了解和认识，这样才能促进其对深层次的文化内涵进行把握和理解。

第三节　软装设计师的心理研习与自我提升

一、软装设计师的心理研习

心理学是一个研究心理活动规律的学科，依据人脑对客观事物的反映所获得的感觉、知觉、记忆、想象和思维来进行总结和归纳。家居软装是一门直接与个人打交道的设计专业，了解一点心理学知识可以帮助自己更深入地走进客户的精神世界，从而更准确地理解和把握客户的心理需求，最终学会从客户的角度出发去做合适的设计。

成熟的软装师懂得利用与生俱来的视觉心理来改变人们在目测上的感觉和体感上的触觉，比如把偏暖的织物染成蓝色，在视觉上织物的柔软感就会减弱，而把偏冷的金属漆成红色，则会在视觉上让金属的坚硬感消失，诸如此类。他们也懂得将材料软硬搭配应用，比如温馨的空间多用软性材质、冷酷的空间则多用硬性材，根据空间氛围需要将轻质、重质材料或者自然肌理材料与人工材质进行选择搭配等。

（1）客户心理。在室内空间设计中，尤其是在软装陈设设计中，必须要分析与掌握客户群体的心理诉求，这不仅仅是设计师与客户之间信任关系建立的第一个环节，还是软装设计成败的关键。软装设计与客户的生活环境息息相关，也是客户内心喜好的真实写照，所以不能有半点疏忽，必须了解和掌握每一位客户的心理诉求。人类的语言变多种多样，设计师必须具备鹰一样的眼睛，通过细致的聆听和观察，认真分析和总结每一位客户的生活品位及心理特征。

由于每个客户经济条件各有差异、人生品位也不同，心理特征也各异，所以软装设计师必须依据每个客户的实际情况，因地制宜进行针对性的设计与创新，只有这样才能赢得客户的信任，才能设计出理想的生活空间。所以软装设计师要真真切切地如实掌握客户的基本状况，搜集各类相关信息，包括经济条件、生活品位、性格癖好、图案喜好、生活方式、社会交际、职业种类、家庭状况、年龄性别、文化层次等。以上这些都是软装设计师所必须了解和掌握的前期基础资料。

（2）审美心理。审美心理学，就是在研究人类审美的过程中所产生的心理作用，这其实是一门集艺术美学、心理学、行为学为一体的交叉学科。审美心理学对于软装设计师或工程师来说是一门基础理论课程，掌握审美心理学不仅可以快速提高自身的艺术修养，还能为客户提供更为完善和精准的产品与服务。软装设计师还要牢记一点，审美标准并不是永恒不变的，它是随着社会发展、技术提升以及环境的变化而动态变化的。所以设计师在设计同时务必要有预见性的认知。

人类对于生活物品或生活环境与生俱来就有两种客观需要，即生理与心理。而其中的审美心理是最为重要和不能忽视的一个关键因素。审美标准在人类发展的历史中大致经历了三个阶段"简单—复杂—简单"，虽然每一时期的标准各有差异，但是并没有绝对的高低对错之分。个人的审美标准受制于时代背景、生活环境、文化层次及家庭环境等因素的影响。所以不能完全用统一通用的审美标准去要求每一个人，更不能将个人的审美标准和情感认知强加于别人身上。

（3）视觉心理。视觉心理指人们通过视觉器官对外部事物与环境的深层次认知而引发的心理情感，这与人们的审美心理息息相关。外部事物与外部环境各有差别，不同的人面对相同事物，或者同样的人面对不同事物都会在内心中产生不同的感受与心理反应。视觉心理主要是通过视觉信息导入，而引发的心理本能反应，这种反应结果受制于个人兴趣爱好、心理因素、价值观、人生观、生活环境、成长历程等因素的影响。

视觉心理是一个庞大的学科体系，主要包括艺术形式美的各项基本原则，如对比、尺度、稳定、韵律、节奏、虚实、比例、平衡等。通常情况下，人们更多的是依据自己的感觉去评价和判断事物，依据过往经验来辨别事物的真实性与合理性。并没有客观地、实事求是地对其进行研究和分析。所以软装设计师要从科学的角度，用客观的认知角度来纠正客户的片面思想，以此通过具体设计来实现未来期望。

（4）色彩心理。颜色是物质特有的物理属性，它完全依附于物质的存在，人们可以通过色彩的调整与组合来达到预期的实现。色彩对视觉的影响存在很多因素，包括光照强度、光源位置、照射角度、物质表面肌理等。而在色彩接受的认知者上也有很多心理感知影响因素，如年龄差异、性别差异、民族文化、生活环境、文化层次等。

不同的色彩在特定的环境与情感认知下可以产生不同的心理作用，其中包括冷暖、轻重、大小、远近、动静、明暗等。其中具有暖色特性的有红、橙、黄，而具有冷色特性的有蓝、绿、紫，同时还有带有中性的黑、白、灰。对于轻重特性来说，暖色代表沉重，冷色代表轻盈。对于明暗特性来说，白、黄、橙代表明亮，紫、蓝、黑代表昏暗。对于远近特性来说，暖色代表亲近，冷色代表远离。依据这些不同颜色的特性与表征，软装设计师要树立起正确的艺术表达形式，并深入学习和与研究颜色对于人类的心理反应。

不同的颜色代表了不同的寓意和内涵，虽然它们之间有密切的联系，但是在具体的运用和表达中又有着本质的差别和个性。

红色。红色代表血液、火焰、激情、革命，所以会让人产生一种奔放、刺激、热情、喜悦的情感。

粉红色。粉红色象征着温馨和甜美，具有心理安抚效果。

橙色。橙色代表年轻、快乐，坚强，所以在心理作用上突出表现为强壮、温暖、鲜艳。

黄色。黄色表征着温馨、醒目、富贵、正式等。在心理作用上可以突出表现为愉悦、快乐、温暖、幸福。

绿色。绿色表征着健康、自然、生态，在心理作用上可以突出表现轻松、坦然、安全、和谐。

蓝色。蓝色表征着愉悦、宁静、空旷，在心理作用上可以突出表现自信、安静、忠实。

紫色。紫色表征着富贵、奢侈，在心理作用上可以突出表现诡异、谦卑。

褐色。褐色在表征上与绿色极为相似，是一种中性颜色，在心理作用上可以突出表现为稳定、安全、可靠。

灰色。灰色适宜与所有颜色进行组合与搭配的中性颜色。在心理作用上可以突出表现为寂寞、孤寂、枯燥、单一。

黑色。黑色一定深层含义的颜色，也是所有颜色最基本的底色。在心理作用上可以突出表现为权利、稳定、严肃、思考、神秘。

白色。白色表征着贞洁、干净、单纯，在心理作用上可以突出表现为清纯、简朴、冷静、清爽。

光泽色。光泽色主要指金、银、铜、铬、塑料、有机玻璃和彩色玻璃等物质自身的本色，在心理作用上可以突出表现为动感、时尚、别致、富贵。

（5）图形心理。图形心理学是一门研究图形、图案和人类心理之间内在关联和相互影响的学科，也是心理学和图形学的交叉学科。这是一门新兴的学科，还有许多未知的领域需要人们去探索。软装师了解一点图形心理有助于更好地理解和把握客户的心理需求，图形能将客户的情绪、喜好、气质和个性表达得一目了然，因为其传递的信息往往比语言更为丰富和直观。

不同的图形代表着不同的心理反应，选择几何图案代表克制、冷静、机械与秩序感，抽象图案则代表随性、动感、灵活和想象力。选择有机图形通常具有某种象征意义，比如人物图形代表注重情感和强调个性、动物图形代表爱心和爱护动物、植物图形代表崇尚绿色和关爱自然、风景图形代表尊重自然和亲近自然、文字符号代表传递情感和表达信仰等。

常见的图形心理反应包括以下几种。

直线——明确、简洁、干脆、紧迫感、速度感、力度感、男性化、理性。

曲线——柔软、优美、犹豫、韵律感、和谐感、柔和感、女性化、感性。

斜线——动感、坚毅、变化、方向性、不稳定性、男性化。

粗线——迟钝、厚重感、迟缓性、男性化。

细线——敏感、轻松感、敏锐性、女性化。

简洁——时尚、成熟、男性化。

烦琐——传统、幼稚、女性化。

（6）质感心理。每一种质感都会给人带来不一样的心理反应或者视觉感受，如看到岩石会感觉坚硬、羊毛感觉柔软，另外一些则是人在成长过程中的经验积累，比如看到金属和玻璃会感觉冰冷等。软装师利用质感的心理反应来制造预设的视觉效果，观察自己的心理反应，同时注意记录那些不常见甚至没见过的肌理和质感。常见的质感心理反应包括以下几种。

冷质材质（金属、玻璃、石材）偏冷。

暖质材质（木材、织物、皮革）偏暖。

软质材质（织物、皮革、木材、塑料）感觉柔软。

硬质材质（石材、玻璃、金属）感觉坚硬。

轻质材质（玻璃、塑料、丝绸）柔和、轻松，其轻盈感可以有效地减弱空间的局促感和压抑感。

重质材质（金属、石材、木材）生硬、沉稳，其厚重感和体量感可以增加空间的庄重感和仪式感。

自然肌理质感（粗糙、褶皱、凸凹、瘢痕、裂纹）随意、自然、朴实、有机。

人工肌理质感（抛光、雕琢、镜面、漆面、无瑕）拘谨、约束、华丽、无机。

（7）环境心理。环境心理学被广泛应用于建筑、室内和景观设计领域，常常作为指导设计的重要依据。在室内设计领域，环境主要指物理环境，影响室内环境心理的要素包括色彩、图案、空间尺寸、空间安排、家具布置、人口密度、空气质量和室温等。

一名成熟的软装师通常会有意利用软装的简繁和软硬特质来试图影响客户。不同的家居环境对家庭成员的影响重大，软装可以最大限度地改善不可改变的建筑空间，从而增进和睦关系，缓解生活与工作上的压力。

公共空间里常用成行排列的家具，可以最大限度地减少人与人的目光接触，保持彼此之间的距离；家居空间里多用成组布置的家具，可以制造温馨、亲切的空间氛围，增加交流的机会。环境心理学的研究证明，烦琐、豪华的室内装饰会产生拘谨和约束的心理效应；空旷、冷硬的装饰会制造冷漠和恐惧的心理；而简洁、朴实的装饰则产生轻松和愉快的效应，因此家居软装需要认真考虑环境与心理的关系。

（8）照明心理。不同性质和功能的空间对照度的要求大相径庭，比如家居空间与商业空间和公共空间的照度要求会完全不同，不可将二者混为一谈。在相同的照明条件下，不同年龄和性别也会产生不同的心理反应，如儿童房间里要用灵活多变的照明方式，而老人房间则应用均匀、遮蔽的照明方式。软装师需要避免设置任何有害于健康的照明，注意区分不同年龄、性别的需求，养成经常观察不同类型空间中各种照明方式的习惯。

对于家居空间来说，弱光使人安静、疲惫，强光让人兴奋和紧张，而适度的光照最为舒适，因此选择对眼睛最舒适的照度是家居空间照明的设计原则。照明的要素包括眩光、光源显色性、色温和照度等，家居空间里要避免直接眩光和亮度突变，选择显色度高的光源、低色温和低照度的照明。色温分为暖色、中间色和冷色三类，其中温暖、柔和和舒适的暖色光适用于大多数家居空间。

二、软装设计师的自我提升方向

（一）民居印象方向

民居印象是指一个地方特有的自然环境和生活环境，也就是指当地的生活风格。不同国家或地区都有其独具魅力的风土人情，世界因此五彩缤纷。人们面对的客户需求五花八门、千姿百态，需要软装师主动、深入、系统和细致地观察，特别是与家居生活有关的内容，从而开阔视野、启迪思维、丰富想象和激发灵感。

软装师不仅需要对围绕民居的事物进行观察，而且还需要记录和整理，每次旅行结束之后将所见所闻和自我感受编辑并制成类似于"情绪板"的印象笔记，目的在于建立独立的档案资料库，从而得以积累。

（1）自然环境。自然环境包含了地理与气候两个方面。软装师需要观察并记录当地的自然环境，包括气候特点、植被特色和地理特征，它们是形成民居建筑式样的主要因素之一。摩洛哥地处非洲西北部与欧洲南部隔海相望，与地中海、大西洋、北非和撒哈拉沙漠紧密相连，既有地中海和大西洋的海岸风景线，又有一望无际的撒哈拉沙漠。因其特殊的地理位置，夏季炎热干燥，冬季温和湿润，常年气候宜人，被誉为"烈日下的清凉国土"。

（2）历史沿革。历史沿革是指当地的历史背景，比如当地人的祖先来自何方，历史上土地曾发生过什么重大事件等。软装师要注意了解当地的历史背景，它们是当地家居生活背后的文化支撑和人文根源。摩洛哥是一个混杂着多个不同民族文化基因的国家，其中以阿拉伯文化的烙印最为深刻，同时受到来自葡萄牙和西班牙的南欧文化以及非洲原始文化的深远影响。

（3）特产、物产。特产指某地特有而别处没有的产品，具有一定的历史和文化内涵；物产则指某地天然出产或人工制作但别处也可能拥有的物品。当地的特产和物产是人们日常生活的重要组成部分。以摩洛哥为例，特产包括彩绘工艺盘、银器、彩色玻璃杯、青铜茶壶、马赛克和地毯等，物产除了丰富的蔬菜、水果，还盛产香料和羊毛等。

（4）民风民俗。民风民俗是指某个地区人们集体参与的一些带有地方特色的传统文化活动，比如节日庆典和习俗礼仪等，代表着当地人们共同遵守的某种行为模式或规范。其源自当地自然与历史特点形成的某种社会传统，会随着自然与历史的变迁而变化，对当地的生活环境和生活方式均影响深远。软装师要注意观察和记录当地特色的民风民俗，它们与当地的生活、历史与文化息息相关。

（5）生活环境。生活环境是指围绕日常生活所需的室内外环境，包括当地民居的建筑式样、建筑材料、空间特征和室内装饰。软装师需要观察和记录当地特有的生活环境，思考生活环境与自然环境和民风民俗之间的关联。例如，摩洛哥人的生活环境取决于北非炽热干燥的气候，因此采用厚重的砌筑墙体建筑住宅，将家居空间与外部空间隔离开来。其围合式住宅形式与中国四合院类似，所有房间均面向内庭院敞开，庭院喷泉的目的在于制造小气候，从而保持室内的凉爽，改善居住的舒适度。

（6）生活方式。生活方式本身是一个内容广泛的概念，在现代家居生活的概念里，主要是指空间主人在八小时工作之外如何度过，包括饮食、休闲、娱乐、休息、家务、兴趣和习惯等内容。软装师要注意观察和记录当地独特的生活方式，它们是当地自然环境、历史背景、民风民俗、生活环境和传统文化的结晶。

（7）生活用品。生活用品与生活方式息息相关，是指家庭日常生活必用的一些物品，包括锅碗瓢盆、杂物工具、家具、灯具和日用织品等。软装师需要记住当地重要的生活器物，它们是组成家居生活的重要部分。例如摩洛哥人的日常生活用品和器物包括彩色玻璃茶杯、银质或黄铜材质的茶具、水烟管和塔吉陶锅；标志性家具是六边形木雕支架黄铜托盘桌和镂空木雕屏风等；花丝灯罩是摩洛哥灯具中璀璨的宝石；其五彩缤纷的靠枕和床品采用织锦、亚麻、羊毛、丝绸、天鹅绒和棉布制作。

（8）色质图形。"色质图形"是色彩、质感、图案和形状这四大要素的缩写简称，软装师需要了解当地令人印象深刻的这四大要素，它们是当地民居印象的重要标志。例如摩洛哥的标志性色彩包括红色、紫红色、橘色、土褐色、红褐色、黄褐色、金色、银色、蓝色和绿色等；常见的材质包括纺织品、彩色玻璃、陶器、皮革、木雕和锻造金属等；典型图案包括几何图案、阿拉伯花饰、交织图案和混合图案等；典型的洋葱形状来自其建筑屋顶，被广泛应用于门、窗洞或者家具之上。

（9）传统手工。传统手工代表当地工匠历经百年代代相传下来的某些手工制作，它们是传承传统文化的重要记忆、符号和载体。软装设计师要注意观察和记录当地特有的传统手工，无论是编织还是手工打造都能切身感受到当地人的传统精神。一些地区生活用品几乎全是手工制作，极具异域特色的手工编织羊毛地毯在每个家庭里都随处可见。

（二）时尚认知方向

当今的时尚潮流与家居软装如影相随，如同一面双面镜那样反映出不同时期彼此的不同面貌。值得软装师关注的不应只是时装设计的流行趋势，还应有服装所包含的四大要素（色彩、图案、造型和面料）与家居软装的四大要素如出一辙，其应用法则可以与家居软装相互借用。软装师通过提高自身对时尚的认知，可以改善职业形象，从而改变客户对自己专业能力的判断。

时尚是种流行的、被广泛接受的生活风格，包含了对世界、自然、人文、社会、家庭、生活和人生的看法和态度，也是人们对自己的重新认识和定位。家居软装是一个与时俱进的行业，不可能用传统的审美水准来主导今天的家居空间，更不可能用陈旧的软装思维去为年轻客户服务。软装师需要对时尚有一定的认知和了解，目的在于提高审美品位、开阔国际视野，避免孤陋寡闻和闭门造车。

（1）时有所尚。时尚不仅只指服饰潮流，而是代表某一时期人们所崇尚和践行的行为准则、审美情调、生活方式、社会导向和思维模式等。尽管许多时尚已经成为过去，但是仍然值得了解和认知，因为那是未来时尚的根源。软装师对过去的时尚元素了解得越多，就越能理解和看懂未来的时尚，也就越能主导自己的时尚。

时尚不会一成不变，它会时不时地回潮一下，偶尔出现一点令人惊艳的创意。如果一个人对时尚的发展细节有所了解，就会明白时尚就像一个滚动的车轮一样周而复始。软装师不仅需要了解当今的时尚，也需要了解过去的潮流，特别是20世纪以来各时期时装的特点，从而能够更好地理解当代时尚并能预见未来的趋势。除了阅读有关的书籍之外，好莱坞电影是了解各时期时尚的最佳课堂。

（2）时装秀场。无论是巴黎还是纽约的时装秀场，都是一场色彩、图案、面料和造型的盛宴，值得软装师们经常观赏和细细品味。就算不能现场观摩，也可以通过视频或是时装杂志来获取信息。流行色是最受软装师关注的要素之一，它们会直接反映在当年最新潮的室内设计当中。时装秀场作为一个展示时装的舞台，软装师还可从中观察其舞美设计、背景音乐、平面布置和空间氛围等设计要素来激发灵感。当然，家居毕竟不是时装，不可能像时装那样月月变换、岁岁新潮，参考需要适可而止。

尽管每年的潮流趋势千变万化，但其基本设计原则改变不大。软装师通过欣赏时装设计师的不同创作手法来领略和感受不同的设计理念，特别需要仔细观察他们如何运用色彩、图案、造型和面料这四大要素，因为这也是软装设计的四大要素。

（3）服饰搭配。但凡与时尚有关的行业设计师都会十分注重自身的外在形象，它们包括时装界、娱乐界、艺术界、设计界和文化界等，软装师经常观摩时装秀场并从中获得搭配灵感，发型、服装、鞋子、帽子、围巾、首饰和箱包等通通不要轻易放过，因为服饰搭配就是展现个人形象的最佳途径。软装师培养出具有鲜明个人风格并且大方得体的服饰搭配，不仅是职业标志之一，更是自己的最佳名片之一。

既然是搭配就不是套装，而是熟练地运用混搭手法进行的组合，混搭手法包括色彩混搭、图案混搭、材质混搭和形状混搭等，同时与个性、文化、时尚、传统与自然元素融为一体。软装师鲜明个性的穿着不是为了哗众取宠，而是通过它来表达个人对人生、家庭、时尚、文化和艺术等方面的观念和感悟，穿出真实的自我。既然从事设计行业，出门在外就要注重自己的仪表形象，让人一眼就能感受到其独树一帜的个性与品位。

（4）时尚家居。时尚家居主要是指国际流行的家居理念，主要特征表现在多元化、多混搭、多色彩、多个性、多健康、多环保、多创意、多民族等方面。时尚家居与时尚潮流息息相关，与家居生活方式的趋势紧密相连，只有充满活力的时尚家居才能拥有前进的生命力。

软装师需要在软装作品中体现出时代的气息，有空多看看时装杂志感受时尚，也感知一些流行色彩、图案、造型和面料等要素的作用。软装师需要特别关注国际最新的流行家居生活方式，在观念和理念上走在普通人前列。此外，软装师也兼具引导客户尝试时尚、潮流生活方式的职责，事实上，职业软装师应该成为引领时尚家居潮流的践行者和先行者。

（三）摄影方向

过去只有极少数专业人士才能拥有昂贵的摄影器材，如今人手一部的智能手机让人人都有机会成为摄影师。软装师将日常的所见所闻认真记录下来，并分门别类地形成自己的档案资料库，日久必有所成。无须考虑摄影练习的主题，只为提高运用色彩、材质、线条和形状的立体构图能力，从而切实提升家居软装中常用"桌景"的视觉效果。没有场地和条件的限制，自然光、人工光线均可，养成随时随地摆放静物拍摄的自我训练，不断尝试、否定、调整、比较和思考摄影的视觉效果，直至自己满意为止。

静物摄影利用照相机代替传统画笔，与之相关的四大要素(构图、色彩、材质和形状)与传统静物画技一脉相承。摄影与软装在某种程度上均是讲究构图的艺术，无论是软装的"桌景"还是"美术墙"，包括空间的整体视觉效果均需要娴熟的构图技巧。软装师需要培养与众不同的视角，如果能把那些已经被无数人拍过的题材或景物拍摄出不一样的效果，那就是最大的进步。

（1）察形观色。每个人的摄影的目的不尽相同，软装师养成随时摄影的习惯在于培养一双敏锐观察的眼睛，同时对于观察到的、有趣的事物有所反应、有所感触、有所联想并有所收获。每个人从摄影中获得的乐趣也各不相同，软装师的摄影乐趣不在于掌握了多少专业知识，而在于从身边的事物中发现有趣的构图，增强其自身软装搭配的构图能力，同时多观摩优秀的摄影作品并从中获得启发和灵感。

察形观色的意思是指摄影时将注意力集中在形状构图与色彩构图两个方面，不必等待最美妙的时光，也不必寻找最美丽的景色，身边随处可见的一花一草、一石一木、一砖一瓦皆可入画。如实在无法进行实地拍摄，也可以进行虚拟练习，即把眼睛当镜头在脑中成像，养成将藏在眼皮底下的美景寻找出来的习惯。

（2）立体构图。摄影练习的重点在于培养与软装有关的构图能力，软装师需要把被摄物抽象成形状、线条、明暗块和立体构成体，同时把光影也纳入其中。多多观摩一些优秀的摄影作品，将获得的心得体会付诸实践，思考如何就同样的主题、相同的物品变幻出尽可能多的结果。

静物摄影构图取决于取景角度，它们包括平视构图、仰角构图和俯角构图三种。对于画家和摄影师来说，构图是一个永恒的课题，也是决定绘画与摄影是否能够打动人心的重要因素之一。意大利著名静物画家乔治•莫兰迪（Giorgio Morandi）一生都在孜孜不倦地探索静物构图，从中找到了一种具有东方哲学意味的宁静与美感。身边随处可见的物品均可作为静物摄影的内容，充分发挥自己独特的创造力，不必局限于任何题材。

静物摄影构图就像可视化的音乐，充满节奏的美感、高低的错落、主次的定位与整体的协调。软装师需要将注意力集中在构图之上，达到一定的水准之后再来考虑预设某个主题。构图的考虑重点在于外在的变化与内在的关联，以及非对称的平衡技巧，因为静物摄影通常以三维立体方式构图，需要同时考虑正面、侧面甚至后面的整体效果。

（3）色彩搭配。在摄影的色彩搭配中，软装师重点考虑的是暖色调与冷色调的搭配，进而让色彩对比刺激情绪反应。中性色搭配同样可以引起情绪反应，不过需要有深浅变化，尝试在中性色搭配中出现一点亮色会有意想不到的视觉效果。摄影需要某个趣味中心来制造视觉焦点，也需要利用色彩与生俱来的情感（如动感的暖色调与静态的冷色调）、距离感（如前进的暖色与后退的冷色）、重量感（如轻浅色与重深色）以及伸缩感（如膨胀的浅色、暖色与收缩的深色、冷色）来强化视觉效果。软装师需要养成对身边用品随时进行色彩搭配的习惯，培养出别具一格的色感是软装师的职业标志之一。

（4）材质搭配。远景摄影时色彩搭配是重点，但近景摄影和静物摄影时，需要重点考虑材质的变化与搭配，比如粗糙与光滑、简朴与精致、自然与人工、柔软与坚硬等，目的在于丰富作品的视觉效果。同质的材质本身也可以变化丰富，如纺织品可以有棉布、丝绸、天鹅绒和羊毛的区别，木质可以有抛光、油漆、木色、擦色和原木等不同工艺。软装师经常进行材质搭配的训练，有助于提升家居软装的配置技巧，最终形成材质搭配的直觉思维。

（5）形状搭配。无论是远景、近景还是静物摄影，均需要考虑形状的变化、对比与搭配，比如方形与圆形、曲线与直线、斜线与直线、圆角与直角、简洁与烦琐等。软装设计师经常进行形状搭配的训练，同样有助于提升家居软装"桌景"的技巧，最终形成形状搭配的直觉思维。为了将注意力集中在形状构图之上，建议软装师在练习阶段只用"黑白效果"进行拍摄。

（6）主题情感。一幅好的摄影作品，除了构图、色彩、材质和形状等要素之外，真正打动人心的往往是通过以上要素来传递的外在主题（显性的）和内在情感（隐性的）。经过精心布置的构图，外在主题通常显而易见，而有的内在情感则是隐性的，需要细细琢磨、慢慢品味方能感受得到。软装师在进行摄影练习时，需要逐步学会立意在先，由浅入深，循序渐进，以此表达自己对自然、文化、生活、家庭或是人生的感受、感悟、认识和思考。

（四）影视布景方向

优秀的影视作品都有布景设计师看似漫不经心实则用心良苦的室内场景，而且不同的故事情节必须对应不同的场景布置，不是随意找一间现成的场所就能轻松解决的。影视布景是一门利用模拟或者实景空间来讲述故事的艺术，其空间视觉效果与家居软装有着异曲同工之妙，是家居软装的最佳学习榜样。软装师观赏影视作品时，建议重点关注作品当中的场景气氛、色彩构图和舞美道具这三个方面。

经常观赏优秀的影视布景，不仅能够提升自己的欣赏水平，而且能够潜移默化地增强软装的设计能力。特别是作品当中那些令人惊艳的创意，能够丰富软装设计师的思维，同时也是了解历史上不同时期、不同地域装饰艺术的模拟教科书。美国布景美工行业协会SDSA的网站上提供了相当多的关于影视布景的信息与资讯，特别是那些获得奥斯卡最佳作品设计奖(原名为最佳艺术指导奖)的作品，非常值得软装设计师细细观赏。

（1）影视类型。影视作品的类型多样，无论何种题材都有其特定的观赏价值。历史题材往往再现或还原历史事件，有助于软装设计师了解古典和传统建筑与室内装饰艺术，以及当时的社会、生活环境与时代背景；喜剧和家庭题材通常讲述伦理故事，有助于软装设计师深层感悟个人与家庭的关系与温情；生活题材让软装设计师从不同角度去思考时代、社会、生活与人生等主题；奇幻、动画和科幻题材常常能够触动和启发软装设计师的想象力和创造力；音乐和歌舞题材对于软装设计师来说能起到非常好的艺术熏陶。

（2）空间氛围。影视作品就像是一幕活生生的生活画面展现在人们面前，好的作品首先会为观赏者营造出某种与故事情节和角色性格相匹配的空间氛围，而空间氛围通常由色调、风格、光线、材质、空间布局和舞美道具等要素共同打造而成。家居软装同样需要深入了解并满足客户的心理需求，一样需要通过软装手段将其营造出符合客户个性特质的空间。软装设计师需要观察和思考空间与故事情节之间的关联和原因，养成欣赏影视作品并同时分析空间氛围的习惯。

（3）观影察色。优秀的影视作品一般都离不开优秀的色彩构图，软装设计师在欣赏影视作品时，也需要重点关注这一方面，目的在于了解色彩对于氛围的重要性，同时了解银幕画面的构图特色。不同色调对应不同的氛围，比如鲜艳夺目的色彩经常对应兴奋欢乐的气氛、温和淡雅的色彩对应温馨浪漫的氛围，而冷淡中性的色调则常常对应忧伤难过的情绪等。当代美国电影导演韦斯•安德森（Wes Anderson）是一位擅长于运用色彩和构图来讲故事的时尚导演，由他执导的电影均值得反复欣赏，其每一部作品都如同色彩教科书一般，带给人们丰富的视觉享受。

（4）舞美道具。舞美道具是让一部影视作品具有真实感的重要因素，优秀的作品无不重视舞美道具的选择和摆放。几乎所有题材的影视作品都离不开各式各样的道具，它们大多是代表某个时代的生活用品，有家具、灯具、饰品、地毯、装饰画、绿植花卉、劳动工具、衣帽服饰和日用品等，值得人们细细品味和认真欣赏。观察和记录影视剧中的舞美道具，有助于了解不同时代、国家和民族的日常生活用品，以及与道具息息相关的生活方式和人物性格等。

（五）艺术观展方向

对于职业软装师来说，有目的地参观艺术博物馆，可以培养自己的艺术修养、开阔文化视野、增加文化知识和提高鉴赏能力。尽管通过阅读能够弥补些不足，但是却无法代替现场参观实物的效果。

国内外很多城市都设有不同类型的艺术馆或者美术馆，它们值得人们慢慢品味和反复思考，并且做好笔记和图片记录存档。如果有机会出国考察，建议行前做好当地艺术博物馆的调查、预习、策划和安排。欣赏古今中外的艺术品除了能提升修养之外，馆内艺术品的悬挂和摆放本身就是一个值得学习和借鉴的学问。当代家居软装中普遍应用的墙面布置概念，就是来自美术馆的艺术品布置，因此被称为"美术墙"。

（1）展馆类型。艺术博物馆的类型有很多，主要包括宫殿博物馆、古典艺术博物馆、现代艺术博物馆、当代艺术博物馆（美术馆）、民间艺术博物馆、历史博物馆、古典家具博物馆、现代家具博物馆、陶瓷或玻璃艺术博物馆等。不同类型的博物馆带给人们不同的视觉享受和精神食粮，软装设计师除需了解大众类型博物馆外，也需要关注那些鲜为人知的特种博物馆，可能会有意想不到的收获。

经常参观艺术博物馆能够让人们领略到艺术家的想象力和创造力，也能够领悟到不同艺术流派与其时代背景之间千丝万缕的关联，更能够感受到不同艺术表现方式所带来的意境美、情节美和生活美等，从而让软装设计师的审美能力和标准在潜移默化之中得到提升，从耳濡目染之中感受美的启迪和情感的升华。

世界最佳艺术博物馆包括以下几个。

史密森尼学会（华盛顿特区）是世界上最大的研究与博物馆建筑群，有19个博物馆和画廊、国家动物园和各类研究站。

卢浮宫（法国巴黎）200年前还只是皇家宫殿，其收藏品从古代到19世纪上半叶，是世界上最重要的艺术博物馆之一。

雅典卫城博物馆是欣赏古希腊艺术的最佳博物馆，漫步其中仿佛时空穿梭。

国家冬宫（俄罗斯圣彼得堡）收藏了来自世界各地名家大师的艺术珍品超过300万件。

大英博物馆是英国最大的艺术博物馆，来自世界各地的收藏品超过800多万件。

普拉多博物馆（西班牙马德里），几个世纪以来由皇家收藏的艺术品向大众开放。

大都会艺术博物馆（纽约）是西半球最大的博物馆，其200多万件收藏品覆盖了整个世界，从艺术家的杰作到著名空间的复原，应有尽有。

梵蒂冈博物馆（梵蒂冈）由22个展馆组成，展品年代从古埃及到中世纪再到文艺复兴，包罗万象。

乌菲兹美术馆（意大利佛罗伦萨）的收藏品一般来自中世纪早期和文艺复兴时期，主要风格包括巴洛克风格等。

阿姆斯特丹国立博物馆是荷兰最大的艺术和历史博物馆，以收藏了17世纪荷兰大师的作品闻名于世。

（2）展厅布置。艺术博物馆的展厅布置是一门与空间设计息息相关的学问，需要重点关注馆内悬挂和摆放艺术品的方式、灯光的布置和光线效果，以及绘画与雕塑作品之间的空间关系等，这样有助于提升家居软装中常见"美术墙"的视觉应用。事实上，很多现代和当代艺术博物馆的馆内布置与室内设计十分相似，因为布展者非常注重观展者与展品之间的互动关系，与家居软装常用的"美术墙"所期望的视觉效果有着异曲同工之妙。

（2）意、图、光、色。多数艺术博物馆（美术馆）的展品以绘画、雕塑和摄影作品为主，注意重点观察绘画和摄影作品所表现的意境、构图、光影和色彩。首先，软装师需要把个人的喜好放下，除了解绘画与雕塑不同流派的艺术表现特点之外，重点需要理解绘画与雕塑作品的创作意图与内涵表达，而不是全凭个人喜好加以选择。看懂展品的前提在于事先预习有关的艺术知识，有助于真正理解艺术品的内涵和意义。

（4）观有所获。每一个艺术博物馆都有其独特的内容和魅力，而且有些展馆还会时不时更新内容，值得跟踪观展。尽量记录下观展的内容和说明，特别是自己的感受和收获，甚至是由此产生的联想。遇到不懂之处也可以随时记录下来，以备以后查阅资料寻找答案。软装师须养成每次观展之后总结归纳的习惯，避免走马看花，做到真正观有所获，同时还能够提高其独立分析和归纳总结的能力。

参考文献

[1] 梁祯.中式传统色彩在现代室内软装设计中的应用[J].科学咨询（教育科研），2020（10）：86-87.

[2] 铁洪娜.地域文化在室内软装设计中的应用研究[J].建筑科学，2020，36（07）：163-164.

[3] 陈梦佳.传统色彩在室内软装设计中的应用[J].大众文艺，2020（12）：79-80.

[4] 郝恩，马茜.现代室内软装设计中陈设工艺品的应用[J].居业，2020（06）：22+24.

[5] 刘津言.软装设计在室内设计中的应用[J].西部皮革，2020，42（07）：96.

[6] 李露.绿色设计理念在室内设计中的应用研究[J].南方农机，2020，51（07）：246.

[7] 唐甜.探讨绿色设计理念在室内设计中的应用[J].居舍，2020（09）：23.

[8] 折璐，卜俊.软装设计应用现状及发展趋势[J].纺织报告，2020（02）：71-74.

[9] 王瑞章.家居陈设艺术在室内软装设计中实践应用[J].四川水泥，2020（02）：85.

[10] 王瑾.绿色生态设计理念在室内设计中的应用研究[J].美术教育研究，2020（02）：66-67.

[11] 宋然然.绿色设计理念在室内设计中的应用研究[J].大众文艺，2019（24）：124-125.

[12] 李明煜.波希米亚风格家居饰品设计[D].长沙：中南林业科技大学，2019：14-22.

[13] 傅淼.欧式新古典风格在室内软装中的应用与研究[D].长沙：中南林业科技大学，2018：9-23.

[14] 刘雯.传统纹样在室内软装设计中的应用与创新[J].住宅与房地产，2018（33）：84.

[15] 丁宇.室内软装设计中的时尚符号应用研究初探[J].居舍，2018（29）：15.

[16] 孙嘉伟.现代室内软装设计中陈设工艺品的应用[J].江西建材，2018（06）：68-70.

[17] 张海雁.软装设计在室内空间设计中的应用[J].住宅与房地产，2018（08）：83-84.

[18] 刘音.传统文化元素在室内软装设计中的应用[J].南方农机，2017，48（14）：142.

[19] 顾伊荻.探析新中式风格室内软装饰设计[J].现代装饰（理论），2016（02）：47-48.

[20] 侯梦倩.新中式风格的室内软装饰设计应用研究[D].杭州：浙江理工大学，2016：21-32.

[21] 吴韬.浅谈地中海风格室内设计特点[J].艺术科技，2013，26（04）：248.

[22] 邹欣语.地中海风格室内软装饰设计研究[D].长沙：中南林业科技大学，2013：23-37.

[23] 李强.软装饰在室内设计中的应用研究[D].南昌：南昌大学，2012：24-34.

[24] 周全.室内软装整体规划初探[D].长沙：中南林业科技大学，2011：27-31.

[25] 胡承华."新中式"风格室内装饰设计浅析——对中国传统元素在现代室内装饰中的应用及其设计理念的一种解读[J].科技信息，2010（01）：322+357.

[26] 胡小勇，彭金奇.室内软装设计[M].武汉：华中科技大学出版社，2018.

[27] 孔雪清.软装家居饰品创意设计[M].南京：东南大学出版社，2015.

[28] 李江军，江霞君，罗晓芩，等.软装设计元素搭配手册[M].北京：化学工业出版社，2017.

[29] 吴卫光，乔国玲.室内软装设计[M].上海：上海人民美术出版社，2017.

[30] 李江军.软装设计从入门到实战[M].北京：中国电力出版社，2018.

[31] 王东，唐太鲜.室内软装设计实训手册[M].北京：人民邮电出版社，2019.